U0051825

設計師的帽子美學製作術

以20款手作帽搭配出絕佳品味

赤峰清香◎著

PROLOGUE

設計與製作包包是我目前工作的主軸。
之前任職於服飾業時，
因為負責整個服裝配件的設計與企畫，
每天都會接觸到不少帽子。

好想製作包包以外的配件小物喔……
就在萌生此念頭時，接到了帽子書的邀約！
我希望作一本能讓許多人開心的帽子書，
不管是外出或只到附近走走，
「都能輕鬆自在戴著帽子，不刻意做什麼就很可愛」，
我把這個當成設計目標。

因為有許多弧度曲線，要製作出滿意的帽子，一開始並不容易。
還好不分款式，帽子的製作流程基本上大同小異。
在實作中磨練各種技巧，自然就能縫得整齊又漂亮。
參考書中作品，隨個人喜好變化，做出一頂符合你心意的帽子，
若能這樣，我就很開心了。

最後，在此向參與本書製作的所有人
致上最深的謝意。

赤峰清香

Look Up
At The Sky

CONTENTS

帽子各部位名稱

※帽圍…帽身與帽簷縫合處，戴上帽子時貼住頭部的位置。

漁夫帽
帽身
帽頂
裝飾帶
帽簷
帽圍
鐘型帽
帽頂
帽圍
帽簷
報童帽
帽頂
帽簷
帽圍
裝飾帶

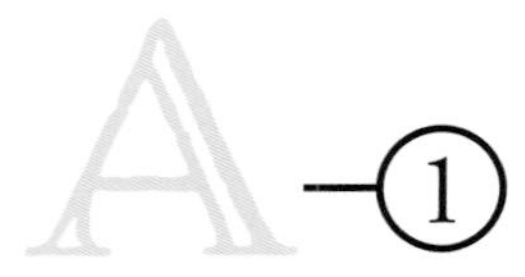

漁夫帽

山系女子風

形狀像翻過來的水桶，因此又有水桶帽之稱。這頂使用CEBONNER®尼龍布的戶外休閒款，強調在整個帽簷繞圈壓線。蠟繩材質的防風繩可拆卸，上街時收起，爬山時再裝回去，到了山頂也不擔心帽子會被風吹落。

How to make…P44

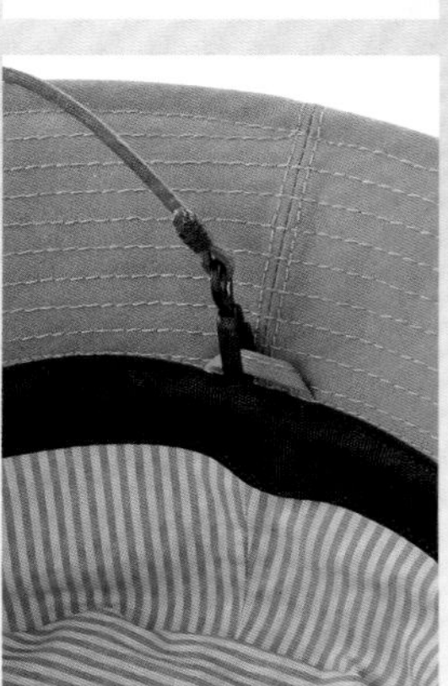

表布

CEBONNER®
／淺褐色（富士金梅®）

100%尼龍。由日本東麗公司獨家研發生產的短纖尼龍布，擁有棉布般的質感與機能性，兼具耐久性。布寬約145cm。

裡布

細條紋布
／黃色（清原）

100%純棉密織平紋布，質地滑爽有張力。百搭的2mm寬條紋，從小物到服飾皆適用。布寬約110cm。

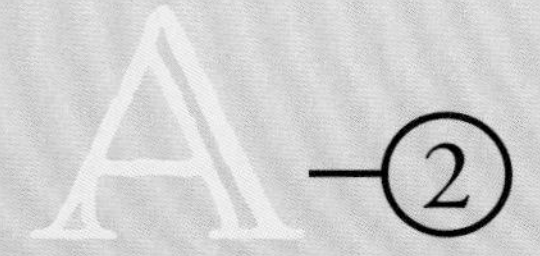

漁夫帽

正式風格

以P.4作品的紙型為基礎稍加變化，帽身縫上3cm寬的裝飾帶，並於帽簷滾邊。整體採黑白色調，素雅又時尚。以相同布料製作的蝴蝶結別針，因為是活動式，可隨心情變換位置，或是取下別在包包上。

How to make…P46

表布

水洗比利時
亞麻25號手工天然染
／米白・黑色（生地の森）

100%比利時亞麻。水洗的自然觸感，越用越貼合肌膚。特別是經職人之手的水洗亞麻，在原本的乾爽之餘，再添鬆軟質感。布寬約110cm。

表布

裡布

抑菌・消臭加工密織平紋布
／米白（清原）

100%棉。添加抑菌力及消臭力，具有抗病毒、防霉功能的密織平紋布，即使反覆洗濯，效果仍持久。布寬約110cm。

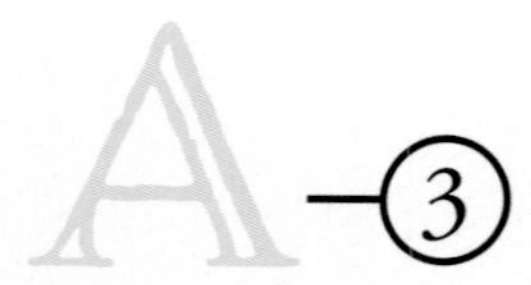

長帽簷 漁夫帽

選用輕盈的淺灰色大格紋布，帽身沿用前兩件作品的紙型，帽簷加長不僅可以防曬，還能守護頸部不受陽光照射。白底居多的布料就算貼上黏著襯，有時內裡還是會透出來，使用白色或淺色系的裡布會是不錯的選擇。

How to make…P47

表布

基本嘉頓格紋布 4㎝格紋
／灰色（nunocoto fabric）

100%純棉斜紋布。4㎝大格紋，從服裝配件到居家布置，用途廣泛。布寬約110㎝，印花寬約108㎝。

裡布

抑菌・消臭加工密織平紋布
／米白（清原）

100%棉。添加抑菌力及消臭力，具有抗病毒、防霉功能的密織平紋布，即使反覆洗濯，效果仍持久。布寬約110㎝。

B—①

淑女帽

特殊日子佩戴

淑女帽的特色是帽簷寬大、剪裁典雅。寬大的帽簷能防曬遮陽，適合於避暑勝地或高原地帶佩戴。夾在帽簷端的定型線，可自由彎摺出美妙曲線。將相同布料的綁繩穿過裝飾帶打結，還可以稍微調整一下帽圍。

How to make…P48

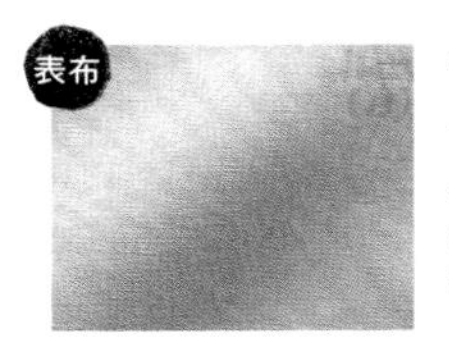

表布

棉麻帆布
／淺灰色（布の通販 L'idee）

45%棉，55%麻。堅韌、透氣性佳的棉麻布。觸感舒適，有適度張力，越用越有味道。布寬約110cm。

裡布

細條紋布
／灰色（清原）

100%純棉密織平紋布，質地滑爽有張力。百搭的2mm寬條紋，從小物到服飾皆適用。布寬約110cm。

B-②

2way造型

淑女帽

淑女帽加裝防風繩與四合釦，簡單就能變身牛仔帽的兩用款式。防風繩以問號鉤扣接，可自由拆卸。具有手繪風的嘉頓格紋，散發出時尚感。變換帽子造型，可帥氣也可優雅，是一頂帽子兼具兩種風情的貪心設計。

How to make…P50

表布

嘉頓格紋
／藍色（nunocoto fabric）

100%純棉帆布。格線有漸層的嘉頓格紋，呈現微妙細緻的差異。布寬約110㎝，印花寬約108㎝。

裡布

抑菌・消臭加工密織平紋布
／淺藍色（清原）

100%棉。添加抑菌力及消臭力，具有抗病毒、防霉功能的密織平紋布，即使反覆洗濯，效果仍持久。布寬約110㎝。

1 以四合釦改變帽簷造型的兩用設計。2 打開四合釦，寬大的帽簷令人印象深刻。3 兩側縫上布繩，用來吊掛防風繩。4 同布料製作的防風繩約1cm寬。

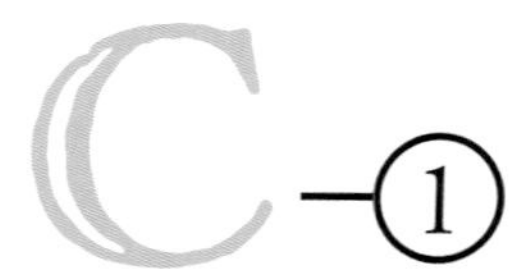

C-①

船夫帽

男性化風格

船夫帽的特徵是圓筒形帽身與平坦式帽簷。以男性化色調，搭配硬挺的外型。裝飾帶為寬2.5cm條紋緞帶，裡布也呼應般的選用海軍藍條紋。黏著襯具有一定厚度，可防止變形。這是搭配和服也很合適的設計。

How to make…P54

表布

11 號帆布青年布
／海軍藍（富士金梅®）

100%棉。雖是帆布，卻有著天然纖維的舒適觸感，可感受經年變化的樂趣，呈現丹寧布般的使用感。布寬約112cm。

裡布

細條紋
／海軍藍（清原）

100%純棉密織平紋布，質地滑爽有張力。百搭的2mm寬條紋，從小物到服飾皆適用。布寬約110cm。

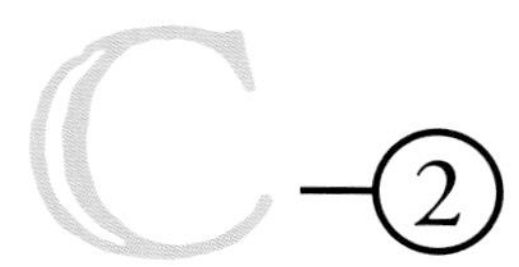
C-②

船夫帽

自然氛圍

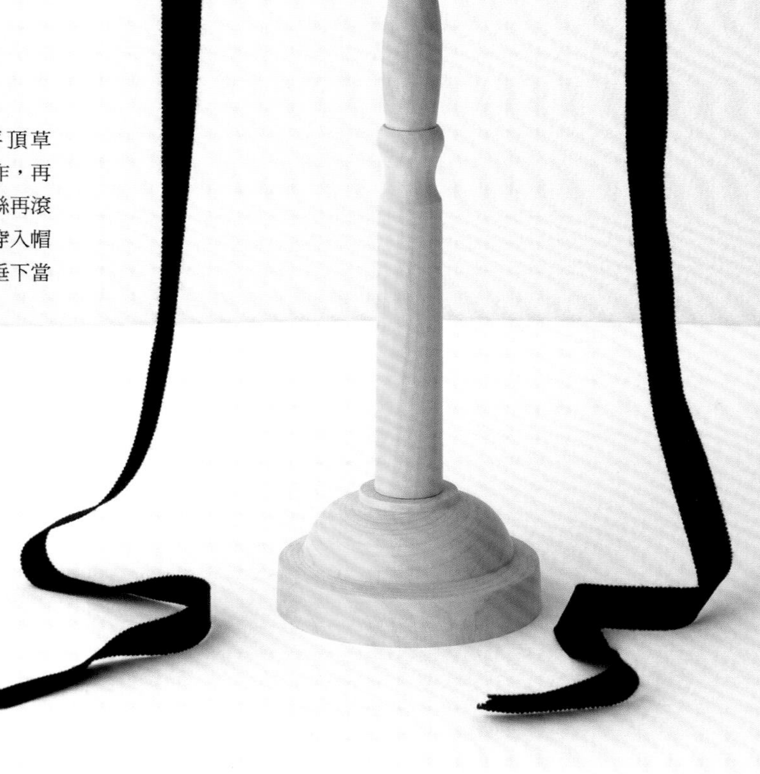

提到船夫帽就不能錯過平頂草帽！使用粗糙感的亞麻帆布來製作，再適合不過了！帽簷端縫上定型鐵絲再滾邊，只在前側疊上緞帶就從側邊穿入帽內，若要防風就打結固定，平時垂下當裝飾也很可愛。

How to make…P52

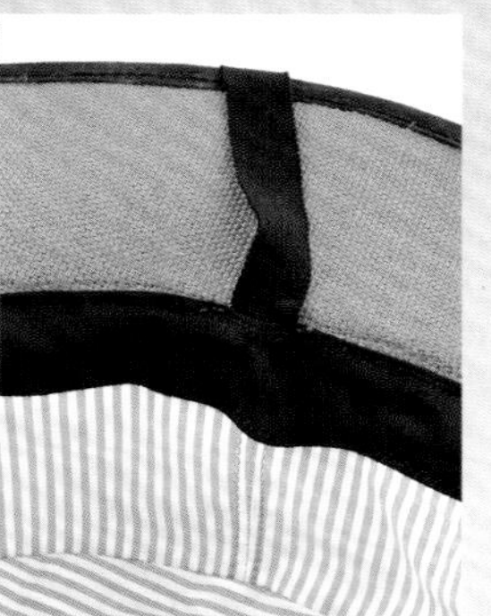

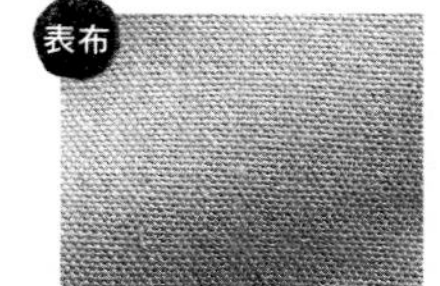
表布

先染亞麻帆布
／生成色（川島商事）

100%亞麻。先將亞麻線染成沉穩色調再織成布。有厚度，摸起來粗粗的。
布寬約110cm。

裡布

細條紋
／黃色（清原）

100%純棉密織平紋布，質地滑爽有張力。百搭的2mm寬條紋，從小物到服飾皆適用。布寬約110cm。

海軍帽

水手藍色彩

原本是水兵或船員佩戴的帽子，帽頂是平的。淺戴時給人輕快、俏皮的感覺。與簡約的裝扮很合拍，不論是穿著船領T恤或夾克，搭配度都很高。兩側的釦子與看似橫條紋的棉繩，營造出濃濃海軍風。

How to make…P58

表布

抑菌・消臭加工牛津布
／海軍藍（清原）

100%棉。添加抑菌力及消臭力，具有抗病毒、防霉功能的牛津布，即使反覆洗濯，效果仍持久。布寬約110㎝。

裡布

細條紋
／海軍藍（清原）

100%純棉密織平紋布，質地滑爽有張力。百搭的2㎜寬條紋，從小物到服飾皆適用。布寬約110㎝。

E

工作帽

軍綠色彩

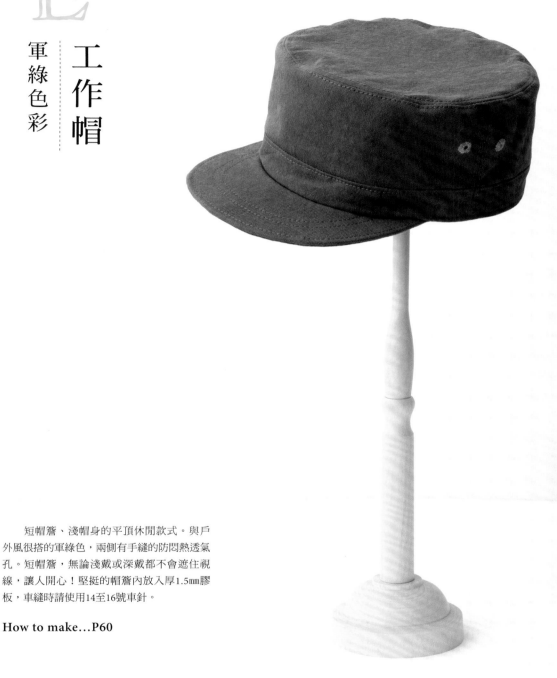

短帽簷、淺帽身的平頂休閒款式。與戶外風很搭的軍綠色，兩側有手縫的防悶熱透氣孔。短帽簷，無論淺戴或深戴都不會遮住視線，讓人開心！堅挺的帽簷內放入厚1.5㎜膠板，車縫時請使用14至16號車針。

How to make…P60

表布

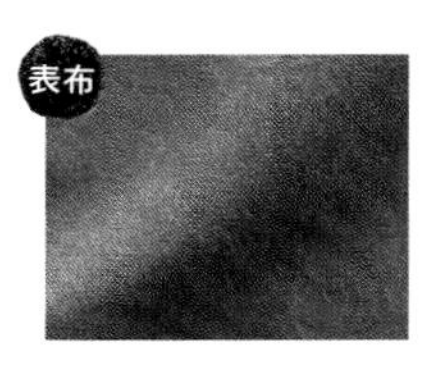

復古帆布
／軍綠色（富士金梅®）

100%棉。堅韌厚實，經特殊水洗加工，展現柔和手感與復古風味。布寬約110㎝。

裡布

細條紋
／卡其色（清原）

100%純棉密織平紋布，質地滑順有張力。百搭的2㎜寬條紋，從小物到服飾皆適用。布寬約110㎝。

F-①

六片式鐘型帽

散步帽

鐘型帽的名稱，來自法文cloche鐘的意思。帽身整體偏圓，搭配短帽簷。作品是六片拼接，會在帽身的拼接處壓線。頂點因為重疊了六片布與縫份，而變得相當厚。先將縫份敲平，減少厚度再縫合會比較輕鬆。

How to make…P62

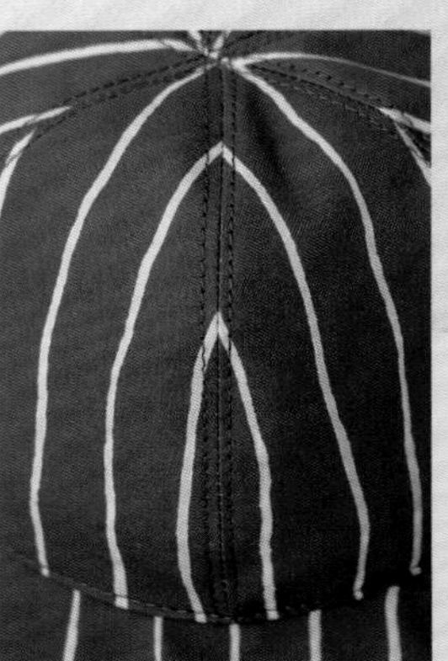

表布

線條
／綠色（nunocoto fabric）

100%純棉牛津布。呈現自然流動感的個性化條紋。大人味的深綠色。布寬約110cm，印花寬約108cm。

裡布

抑菌．消臭加工密織平紋布
／米白（清原）

100%棉。添加抑菌力及消臭力，具有抗病毒、防霉功能的密織平紋布，即使反覆洗濯，效果仍持久。布寬約110cm。

F-②

六片式鐘型帽

幼兒園・上學帽

兒童尺寸鐘型帽，亮點在若隱若現的花紋布。帽簷短，不用擔心孩子戴起來會擋住視線。在帽圍或繞整個帽簷壓線時，呈現在表帽簷的上線選用深藍色，在裡帽簷的下線使用藍色，各自依布料顏色配色。

How to make…P62

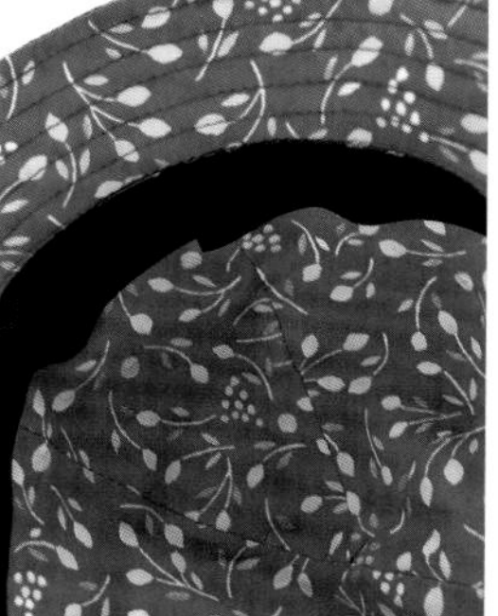

表布

丹寧布
／海軍藍

100%棉。使用手邊布料，丹寧布是使用10支以上較粗紗線的梭織棉布。粗糙觸感是其特色。

裡布

花蕾圖案
／海軍藍（nunocoto fabric）

100%純棉上等細布，含苞待放的小黃花在藍色底布上格外出色。布寬約110cm，印花寬約108cm。

F-③

六片式鐘型帽

戶外休閒款

同樣是鐘型帽，一裝上防風繩，馬上有了戶外休閒氛圍。表布為經特殊復古加工的帆布，越使用越能展現深邃質感。圓皮繩從帽簷的雞眼釦穿到帽子背面，是作品的設計重點。另附一片可拆式防曬護頸布。

How to make…P64

表布

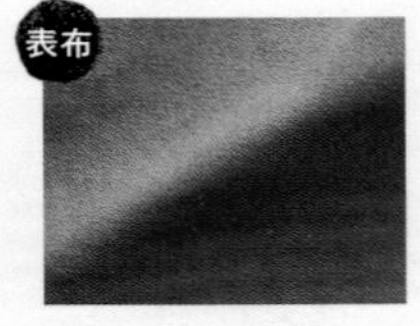

11號帆布復古經典色
／土色（生地の森）

100%棉。來自職人傳統手工作業的復古加工，不損及天然素材的自然質感，發色佳也是魅力所在。布寬約110㎝。

裡布

細條紋
／黃色（清原）

100%純棉密織平紋布，質地滑爽有張力。百搭的2㎜寬條紋，從小物到服飾皆適用。布寬約110㎝。

1 裝上可拆式防曬護頸布，在太陽下從事園藝工作也不擔心。2 內側縫上防滑動的繩擋。3 可遮蔽至肩部的防曬護頸布。4 用釦子扣住布繩固定的設計。

棒球帽

街頭風

貼住頭部、不易鬆脫的棒球帽，是最適合運動的帽款。不論大人小孩也不分年代。帽身頂端縫上包釦，帽後有開口，裝飾帶穿入鬆緊帶。略大的帽簷可以防紫外線。想要在運動風或方便活動的穿搭時佩戴。

How to make…P66

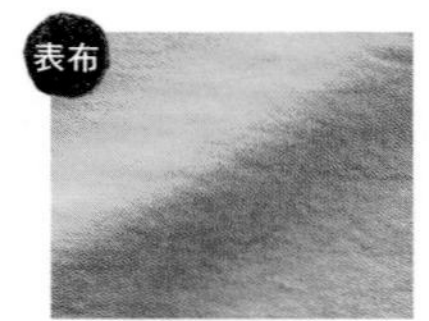

表布

復古帆布
／啞金色（富士金梅®）

100%棉。堅韌厚實。經特殊水洗加工，展現柔軟手感與復古風味。布寬約110cm。

裡布

細條紋
／黃色（清原）

100%純棉密織平紋布，質地滑順有張力。百搭的2mm寬條紋，從小物到服飾皆適用。布寬約110cm。

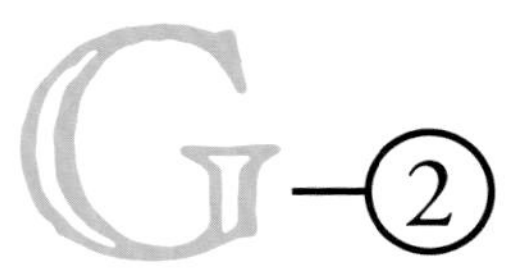

G-②

棒球帽

遠足帽

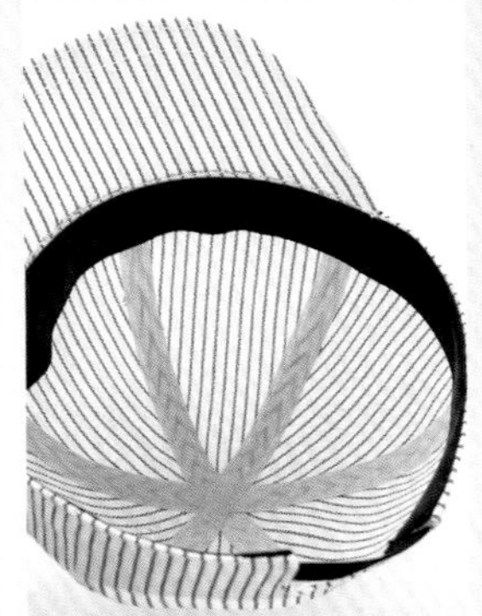

為活動量大、容易流汗的兒童所製作，不加裡布的棒球帽。紅色山核桃條紋丹寧布，不管在哪裡都能一眼被看見。後開口直接縫上鬆緊帶固定。帽身縫份疊上兩摺斜布條壓線。先疏縫再從表側壓線，針趾平整美觀。

How to make…P68

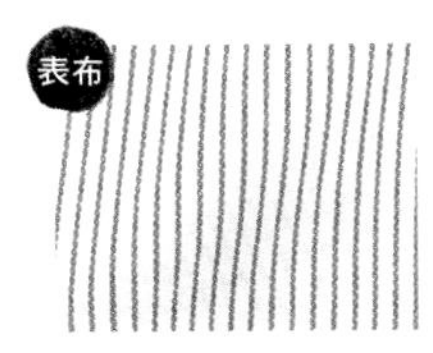
表布

山核桃條紋丹寧布／白×紅

100%棉。使用手邊布料。在天然生成色底加入1㎜寬紅色線條的丹寧布，跟休閒風很速配。

H-①

報童帽

男孩味

帽身膨起有分量感，僅前側有帽簷的報童帽特色。將膨起部分壓扁，瞬間變成狩獵帽的形狀，等於有兩種戴法。帽身表布採取斜向剪裁，在銜接布片上多了份動態感。稍寬的帽簷沿用P.13工作帽的紙型。

How to make…P69

表布

高密織格紋帆布
／白×綠（布の通販L'idee）

100%棉。高密織，散發高級感的先染格紋圖案。有張力，品質優又好縫。不分季節皆可使用。布寬約110cm。

裡布

抑菌・消臭加工密織平紋布
／海軍藍（清原）

100%棉。添加抑菌力及消臭力，具有抗病毒、防霉功能的密織平紋布，即使反覆洗濯，效果仍持久。布寬約110cm。

H-②

報童帽

小鎮風格

使用清爽的藍色素面布，縫合帽簷與裝飾帶時夾入三色旗織帶，成為吸睛設計。帽簷比P.20的作品短，就算戴到幾乎遮住眼睛，還是容易看清前方。有分量感的帽身能營造小臉效果，讓人好期待戴上！

How to make…P69

表布

11號帆布青年布
／藍色（富士金梅®）

100%棉。雖是帆布，卻有著天然纖維的舒適觸感，可感受經年變化的樂趣，呈現丹寧布般的使用感。布寬約112㎝。

裡布

細條紋
／海軍藍（清原）

100%純棉密織平紋布，質地滑爽有張力。百搭的2㎜寬條紋，從小物到服飾皆適用。布寬約110㎝。

H-③

報童帽

潮流風

壓棉布讓原本給人酷酷印象的黑色變柔和了。搭配褲裝時，帥氣又不失女人味。戴到蓋住耳朵，能在寒冷的季節發揮保暖效果，是很優秀的設計。因為壓棉會帶出分量感，就不在帽子頂端裝飾包釦了。

How to make…P69

表布

壓棉布
／黑色

100%棉。使用手邊布料。在兩片黑色素面布之間夾入鋪棉進行壓線的布料。

裡布

抑菌・消臭加工密織平紋布
／黑色（清原）

100%棉。添加抑菌力及消臭力，具有抗病毒、防霉功能的密織平紋布，即使反覆洗濯仍長時間保有效果。布寬約110cm。

I-①

鬱金香帽

兒童雙面帽

帽身與帽簷連成一體的款式稱為鬱金香帽，是本書唯一不加止汗帶、組裝起來最簡單的作品。有多種穿戴方式，可以戴到快遮住眼睛、反摺整個帽緣，或只將前面向上翻。表裡圖案一致，但顏色不同，正反都可戴，還能摺成小小的方便收納。

How to make…P55

表布

亞麻古風圓點印花布
／灰粉紅（生地の森）

100%比利時亞麻。40支的偏中厚亞麻布。可愛又帶著懷舊感的隨機排列圓點圖案。布寬約104cm。

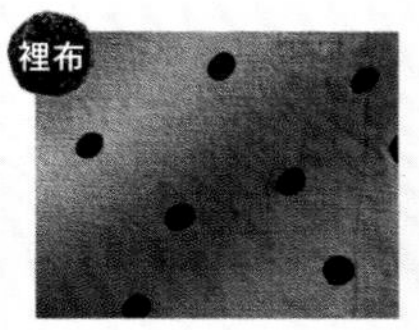
裡布

亞麻古風圓點印花布
／灰色（生地の森）

100%比利時亞麻，特點是深色調。經過水洗加工，觸感柔軟。布寬約104cm。

鬱金香帽

大人雙面帽

I-②

大人的雙面帽，正面為燈芯絨。共六片，以細條絨與中條絨交替拼接。以素面布就能營造出細微的深淺變化。燈芯絨的絨毛有方向性，裁剪時需留意。裡布是清新花朵圖案。可摺疊攜帶，是柔軟又討喜的帽子。

How to make…P55

表布

細條燈芯絨
／象牙白（清原）

100%棉。較薄的燈芯絨，輕柔溫暖，也很適合製作襯衫等衣物。布寬約110cm。

表布

中條燈芯絨
／象牙白（清原）

100%棉。厚度適中，保暖性佳，適合秋冬使用。手感舒適的粗織感中條絨。布寬約110cm。

裡布

Orchid
／灰白（nunocoto fabric）

100%棉。灰底點綴氣質清雅小朵蘭花，布寬約110cm，印花寬約108cm。

1 裡布若隱若現的戴法也很可愛。戴著和媽媽一樣的帽子出門，感覺很興奮。2 組合粗細不一的絨條，打破單調感。3 表側使用原色壓線，裡側使用灰色。

貝雷帽

女孩風

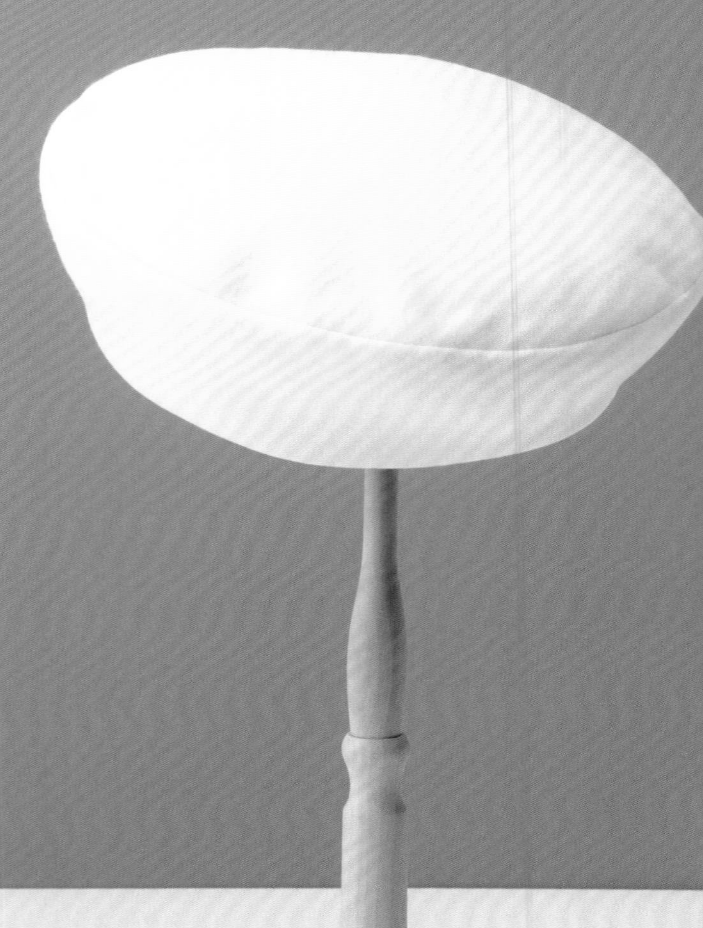

無帽簷，只有圓圓帽身的貝雷帽。單一色清純象牙白，在帽口滾邊裝飾。表布若換成茶色系或格紋，給人的感覺就會很不一樣。戴上帽子，單手拿著素描本或調色盤，一副藝術家模樣，或是扮成作家，在秋日散策時手上拿著書也滿不錯的！

How to make…P57

表布

羊毛
／象牙白（清原）

90%羊毛，10%尼龍。使用手邊布料。中厚法蘭絨，打造柔軟蓬鬆質感。

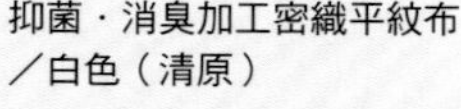

裡布

抑菌・消臭加工密織平紋布
／白色（清原）

100%棉。添加抑菌力及消臭力，具有抗病毒、防霉功能的密織平紋布，即使反覆洗濯，效果仍持久。布寬約110cm。

製帽前先練好基本功

搭配圖片解說縫製帽子所需工具、本書作品使用材料，以及多數作品通用的縫法。帽子款式雖然不同，但在作法中有不少步驟是一樣的。帽簷、帽身與壓線等弧線車縫、帽簷端夾入定型線、車縫止汗帶，以及帽簷滾邊等，每一步都到位不失敗，作出的帽子才會整齊好看。只要掌握箇中訣竅與技巧，就能在作品上顯現成果，請作為製作時的參考。先了解相關內容再動手，操作起來會更順暢。

縫法Lesson

製作帽子所需工具

本篇介紹製作本書作品會用到的工具。善用工具也有助於提升整體質感。

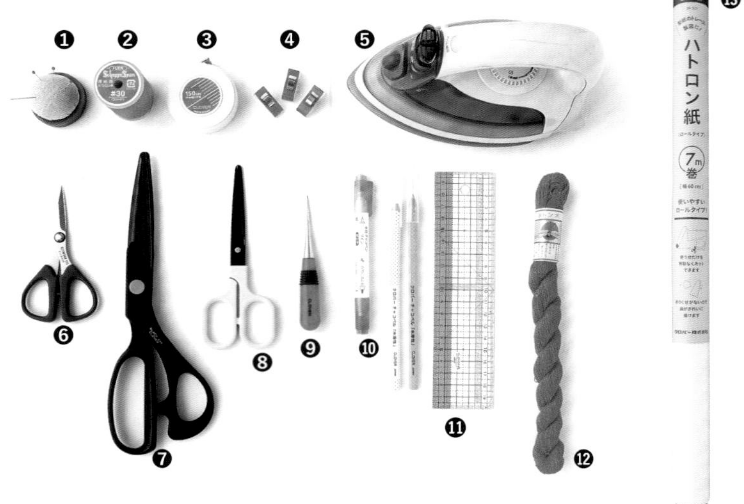

❶ 手縫針・珠針 Ⓒ
疏縫或開扣眼時使用手縫針。對齊記號將布暫時固定會用到珠針。

❷ 車縫線 Ⓕ
縫合表布或壓線用30號，車縫裡布用60號。數字越小線越粗。

❸ 捲尺 Ⓒ
量頭圍或帽圍。

❹ 強力夾 Ⓒ
布料有厚度，無法用珠針暫時固定時可改用強力夾。

❺ 熨斗
燙貼黏著襯、燙開縫份，或是讓縫份平整倒向一邊。

❻ 剪線剪刀 Ⓒ
將線剪斷。

❼ 裁布剪刀 Ⓒ
裁布或剪牙口。

❽ 裁紙剪刀
裁切牛皮紙製作紙型或是裁切其他紙張。

❾ 錐子 Ⓒ
車縫圓弧邊時協助按壓布，或是將線挑進裡側。

❿ 粉土 Ⓒ
作記號。記號會隨時間及水洗消失，很方便。深色布用粉紅色或白色粉土，記號可以看得很清楚。

⓫ 方眼尺 Ⓒ
尺上有方眼格線，用來畫縫份線便利好用。

⓬ 疏縫線
要縫合有厚度的部分前先疏縫暫時固定，可防止移位或滑動。

⓭ 牛皮紙 Ⓒ
製作紙型。

黏著襯

本書作品幾乎都是使用織布黏著襯。配合布料厚度、成品形狀及風格來挑選襯的厚薄與顏色。

織布黏著襯 Ⓥ

薄 ← 中型 → 厚

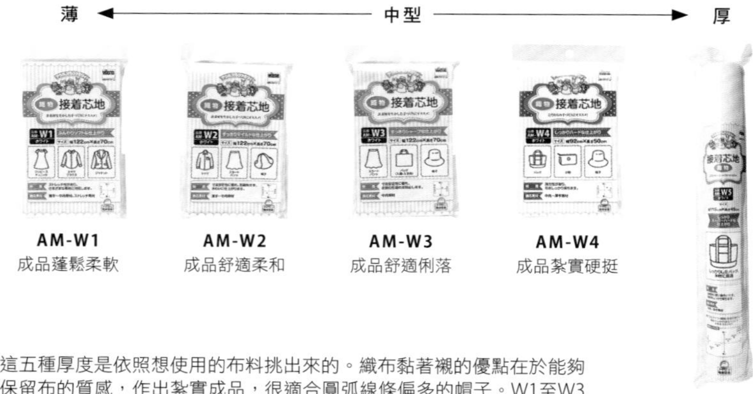

AM-W1 成品蓬鬆柔軟
AM-W2 成品舒適柔和
AM-W3 成品舒適俐落
AM-W4 成品紮實硬挺
AM-W5 成品堅挺超硬

這五種厚度是依照想使用的布料挑出來的。織布黏著襯的優點在於能夠保留布的質感，作出紮實成品，很適合圓弧線條偏多的帽子。W1至W3也有黑色款，可配合布料顏色分開使用。

抗UV黏著襯 Ⓝ

100%聚酯纖維。經特殊加工，可阻隔約88%紫外線的織布黏著襯。黏貼於帽簷與帽身，製作防日曬的帽款。好燙貼，失敗率低，推薦使用。

※Ⓒ…Clover Ⓕ…FUJIX Ⓘ…INAZUMA Ⓚ…清原 Ⓛ…lidee Ⓝ…日本紐釦貿易 Ⓥ…Vilene

本書作品使用的材料

介紹製作帽子的專用材料或特殊材料。

止汗帶 Ⓛ

除了鬱金香帽，其他作品都會用到。縫在帽圍內側以維持頭圍大小。

工藝鐵絲 Ⓒ

手縫固定在船夫帽的帽簷端。可自由彎摺並保持形狀的材料。

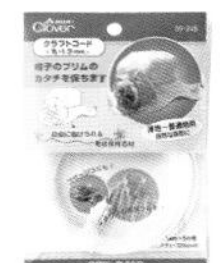

定型線 Ⓒ

夾在淑女帽的帽簷端。可隨意彎曲，為作品增添動態感的定型材料。

蠟繩
圓皮繩

蠟繩 Ⓘ
圓皮繩 Ⓘ

漁夫帽與鐘型帽的防風繩。裝上防風繩，立即散發戶外感。

膠板 Ⓒ

可用剪刀裁剪，也能車縫。海軍帽、兒童棒球帽及報童帽是用0.5mm厚，工作帽與大人棒球帽是1.5mm厚。

問號鉤 Ⓒ

製作扣式防風繩，為樹脂材質。

繩扣

穿在以蠟繩或圓皮繩作的防風繩上，用於調整長度。

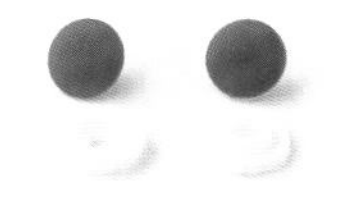

塑膠四合釦 Ⓚ

安裝在兩用淑女帽上，用於變換形狀。需以專用手壓鉗固定。

包釦 Ⓒ

縫在棒球帽及報童帽的帽頂。除裝飾外，也能隱藏針趾。

寬1.2cm四摺免燙斜布條

帽簷滾邊。

寬1.2cm兩摺免燙斜布條

處理無裡布的兒童棒球帽的縫份。

出芽滾邊條

用於貝雷帽滾邊。在對摺的斜布條中間夾入棉繩或塑膠條。

鬆緊帶 Ⓒ

縫在棒球帽後側，寬1.5cm。耐洗、不易變形。

便利工具

在縫製或製作紙型時如果有這些便利工具，效率將大大提升，成品也會更美觀精緻，可陸續添購。

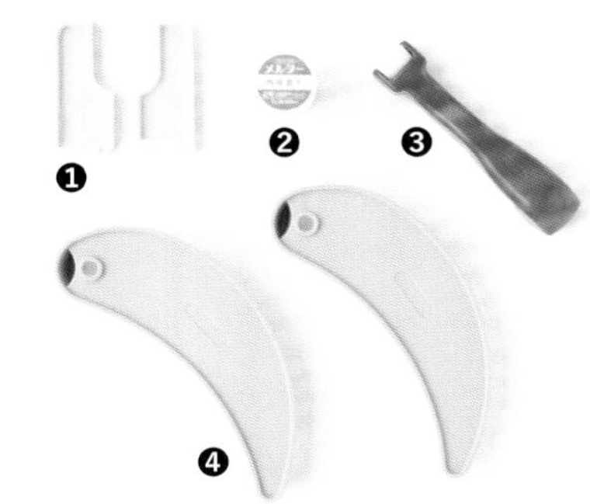

❶ 縫份導引器 Ⓒ

以一定寬度的縫份壓線。對於直線或弧線較多的帽子十分方便。黏貼式設計，可黏在金屬以外的位置。

❷ 熱熔線 Ⓕ

遇熱熔化附著的100%尼龍線。本書作為車縫的下線，用於滾邊的暫時固定。

❸ 滾輪骨筆 Ⓒ

代替熨斗處理不易熨燙的立體處，或是壓開細部的縫份。也用於壓平有厚度的部分。

❹ 布鎮 Ⓒ

以牛皮紙複寫紙型或是將紙型置於布上作記號時，用於防止紙張或布片移位，大幅提升作業效率。

針與線的關係

當布料的厚度沒有搭配適當的針與線，縫起來就不會整齊好看。60號線請配11號針，30號線配14號以上的針。

針

11號適用一般布料，例如本書作品的裡布。一般～厚的布用14號，厚布用16號針，丹寧布或帆布選擇丹寧用16號，本書車縫表布及壓線時也會使用。

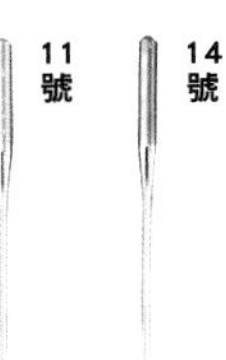

11號
14號
16號

丹寧用16號針

線

厚布用30號線。由於作品的表布會燙貼黏著襯，所以縫製表布及壓線一律使用30號線。60號線適用一般布料，本書縫製裡布時也會使用。

30號

60號

即使是使用一般布料作帽子，還是會搭配厚布用的針與線，因為隨著製作流程布會多層重疊，或者是燙貼厚黏著襯。壓線的針趾設定3至3.5mm長，縫出的針趾整齊又漂亮。

黏著襯燙貼技巧

本書介紹的帽子在表帽身、表帽簷及裡帽簷燙貼了黏著襯。把襯燙貼得平整服貼，可以打造出令人眼前一亮的外形輪廓與印象。

基本燙法

平整燙貼的3個重點

1. 中溫（140至160度）
2. 每一處按壓10秒
3. 附著後需等冷卻再移動

黏著襯的正反面

摸起來粗粗的那一面是塗膠面。織布黏著襯有點難分辨正反，請多留意。

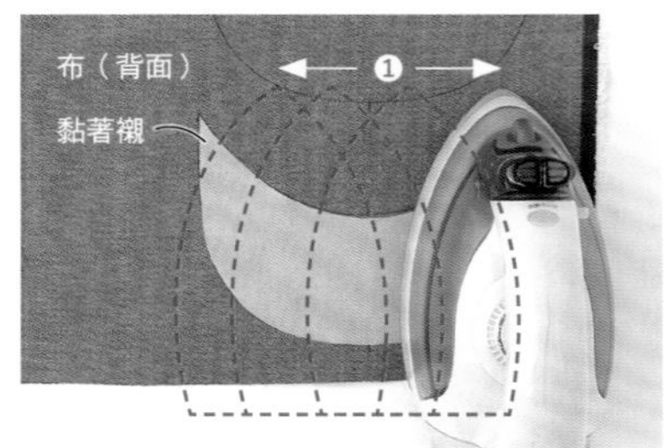
布（背面）
❶
黏著襯

塗膠面朝下鋪在布的背面，以熨斗（中溫）熨燙。先從中間❶燙起，再移動熨斗往左右壓燙。

●在 CEBONNER 尼龍布上燙貼黏著襯

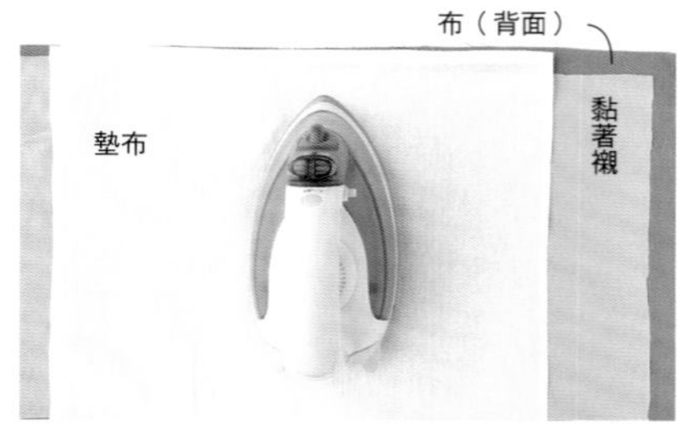
布（背面）
墊布
黏著襯

1 將黏著襯鋪在布上，墊塊布再按壓熨燙。可先在零碼布試燙，確認溫度OK會比較放心。

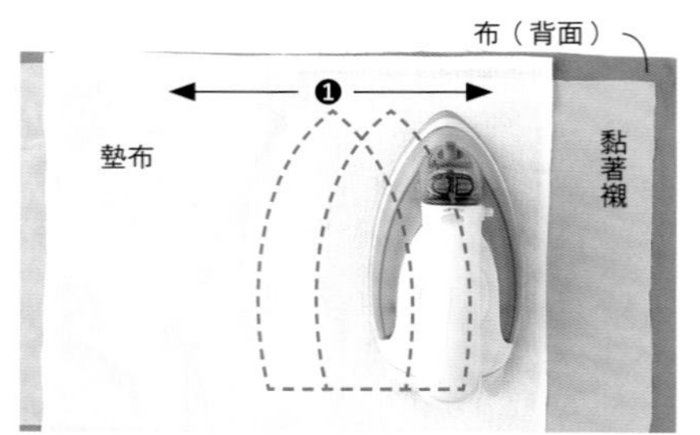
布（背面）
❶
墊布
黏著襯

2 一開始先將中間❶燙貼固定，再往左右、上下等外側移動。

黏著襯
布（背面）

3 一邊挪動墊布一邊燙貼，直到燙完整張襯。過程中黏著襯可能會起泡或起皺，在挪動墊布時需確認有無這類問題。

●燙貼不含縫份的黏著襯時（布或黏著襯是厚的）

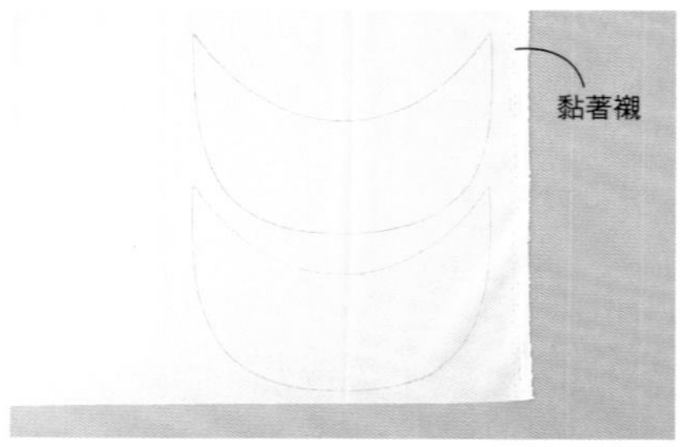
黏著襯

1 在黏著襯上作記號。

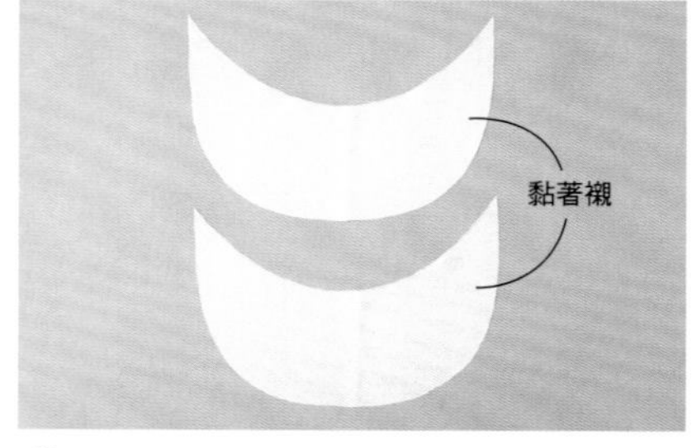
黏著襯

2 沿著記號剪下。燙貼厚黏著襯時，不會連布邊也貼，所以黏著襯不含縫份，只黏到完成線。

有完成線記號導引
更易黏貼
黏著襯
布（背面）

3 布上也畫完成線記號，對齊此記號貼上黏著襯，布再外加縫份裁剪。黏著襯有時會捲曲，布上也作記號可避免出錯。

●連縫份也燙貼黏著襯時（布或黏著襯是薄的）

黏著襯
布（背面）

1 將粗裁的黏著襯鋪在布的背面。

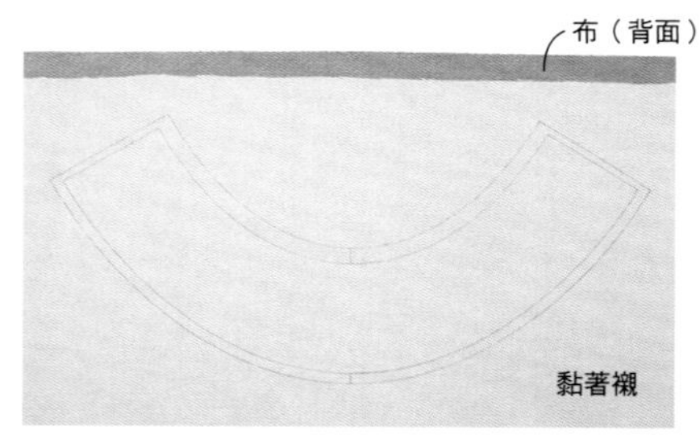
布（背面）
黏著襯

2 畫上完成線、縫份線與合印記號。

3 沿著縫份線裁剪。「如果連縫份也要貼襯，比起先裁布再貼襯，先貼襯再裁布的作法更快又輕鬆。」

原寸紙型的處理方式

一旦決定好要製作的帽子，下一步是選擇尺寸製作原寸紙型。在紙型上標示縫份寬度、布紋方向與部位名稱等。新手製作完成線的紙型、作記號，再加上縫份裁布。熟手也可製作含縫份的紙型，依縫紉機的壓布腳指引車縫。正確作記號與裁布，不僅能縮短作業時間，也攸關作品的整齊美觀。由此可見製作紙型的重要性。

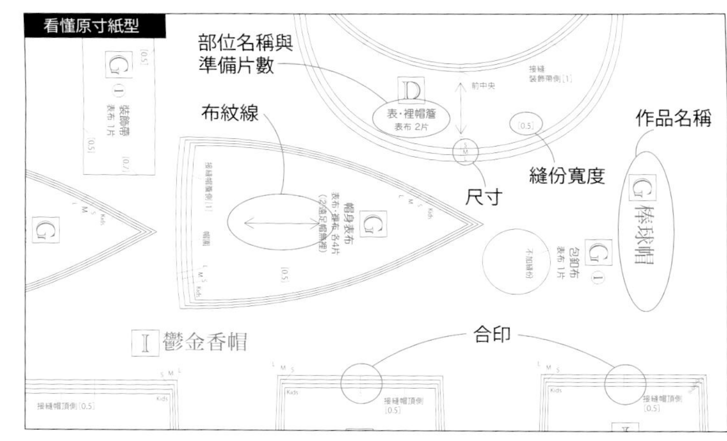

看懂原寸紙型
部位名稱與準備片數
布紋線
作品名稱
縫份寬度
尺寸
合印
鬱金香帽
棒球帽

複寫原寸紙型

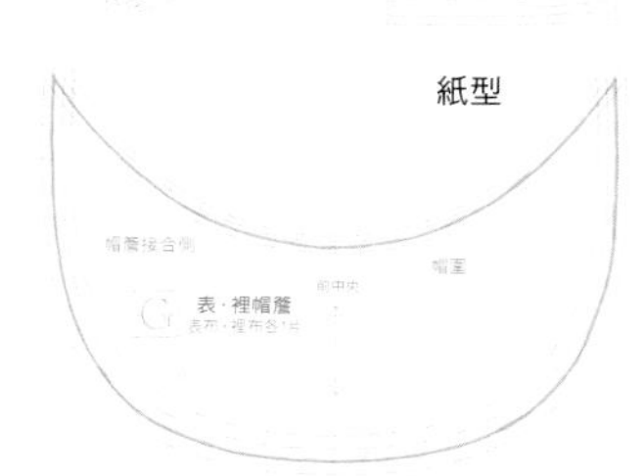

紙型

①用麥克筆在要複寫的原寸紙型上描線，避免尺寸出錯。

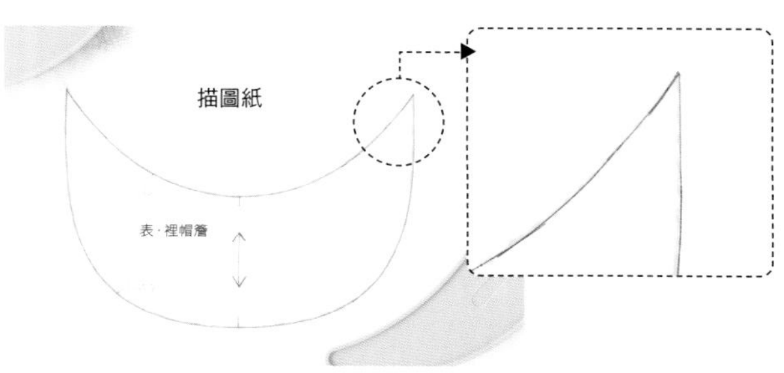

描圖紙

②疊上描圖紙，複寫紙型。事先有用麥克筆描線，所以能準確複製。

③如果是不含縫份的紙型，標示縫份寬度、布紋方向及合印等再裁布。

製作含縫份的紙型

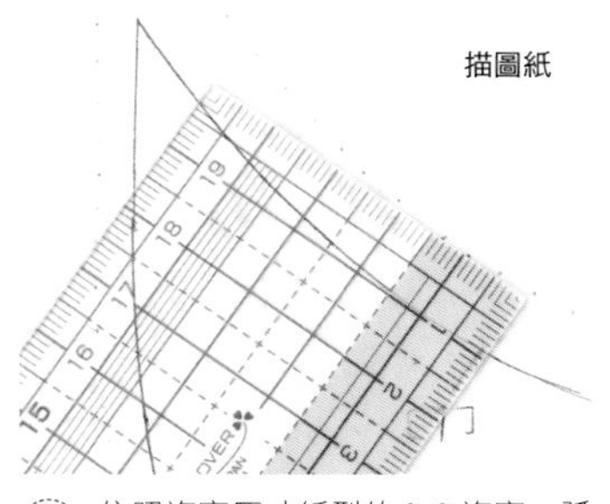

描圖紙

①依照複寫原寸紙型的①②複寫。弧線部分，將尺與弧線垂直，以點標出縫份的位置。

描圖紙

②將點連成線。寫上縫份寬度與布紋方向。

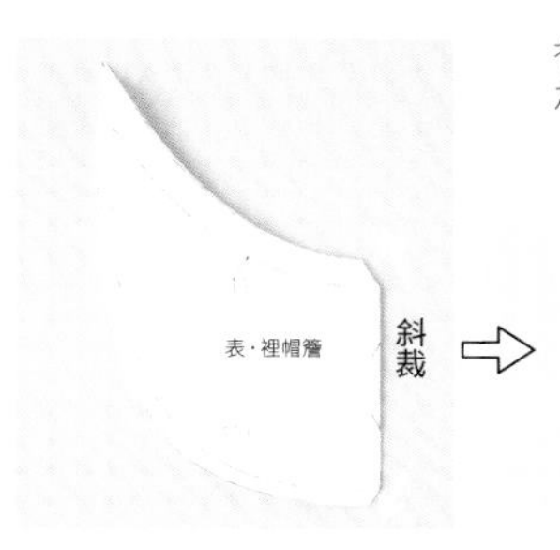

斜裁
有牙口就容易準確加上合印
裡帽簷

③依縫份線裁剪，中間的合印剪成斜向。

使用完成線的紙型作記號

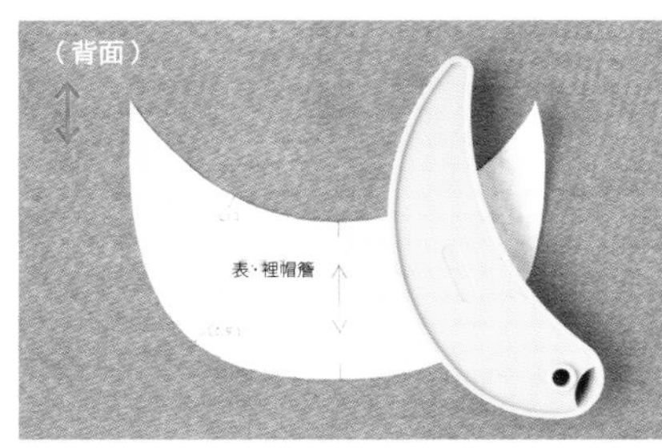

（背面）

①將紙型鋪在布的背面。紙型的布紋線對齊布的布紋。

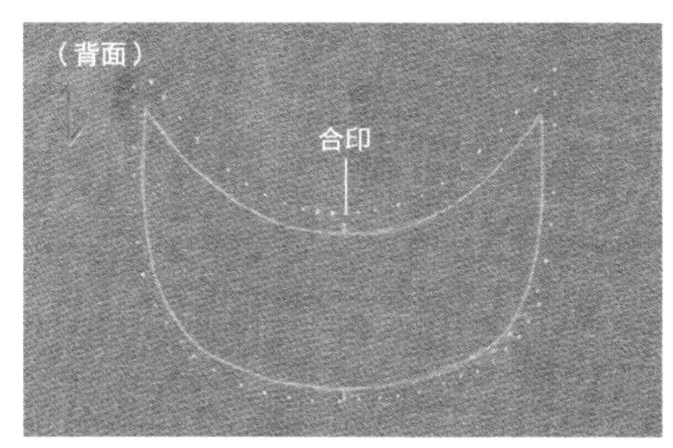

（背面）
合印

②作記號。依照含縫份紙型的作法 ，以點標出縫份的位置。

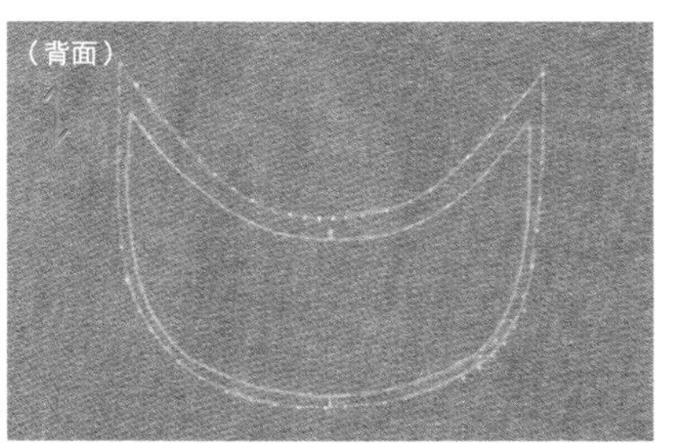

（背面）

③將點連成縫份線。

縫法 Lesson

縫法Lesson 1 至 9 是決定作品精緻度的部分縫法，
從P.44開始的作品作法請參閱此處的說明縫製。

1 整齊車縫弧線

作帽子最重要的部分是整齊車縫弧線部分。包括帽簷端、帽頂與帽身縫合等，所有帽子都會用到，請充分掌握。前文也介紹了縫製訣竅與便利工具，加上縫份正確裁剪，正是漂亮組裝的第一步。

車縫帽簷端弧線

帽簷端位於帽子最外側的醒目位置。車縫時的視線不在車針，而是稍微靠身體側的壓布腳一帶。

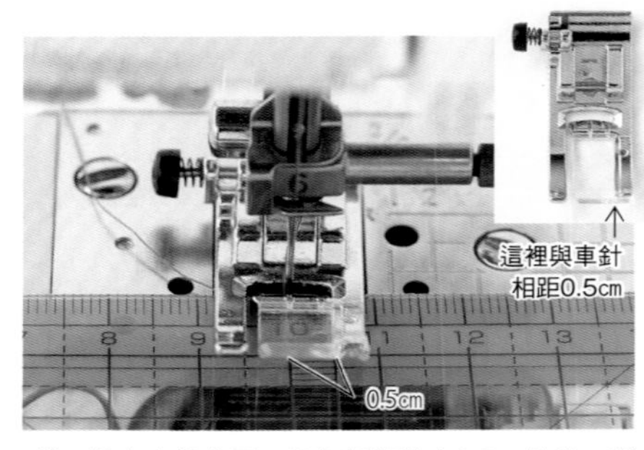

這裡與車針
相距0.5cm
0.5cm

① 設定車針位置。因為帽簷端有0.5cm縫份，所以將車針設定在離壓布腳內側0.5cm處。車針保持不動時，離車針0.5cm的位置在哪裡為基準。

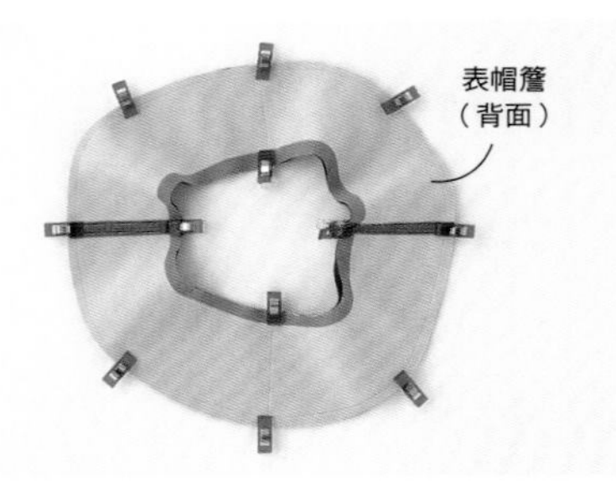

表帽簷
（背面）

② 表帽簷與裡帽簷正面相對，以強力夾固定合印。為避免移位，帽圍也夾上四支。

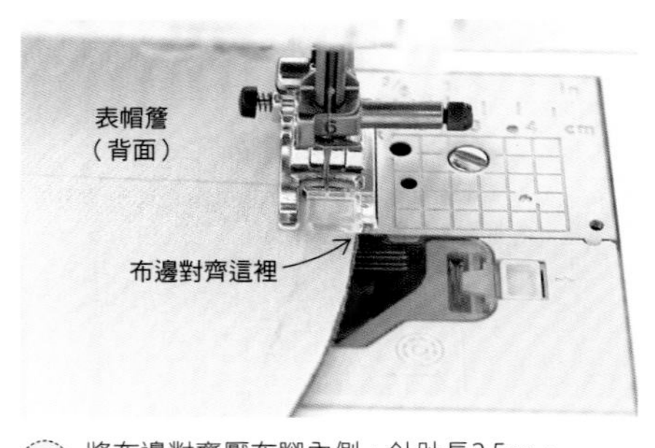

表帽簷
（背面）
布邊對齊這裡

③ 將布邊對齊壓布腳內側，針趾長2.5mm。

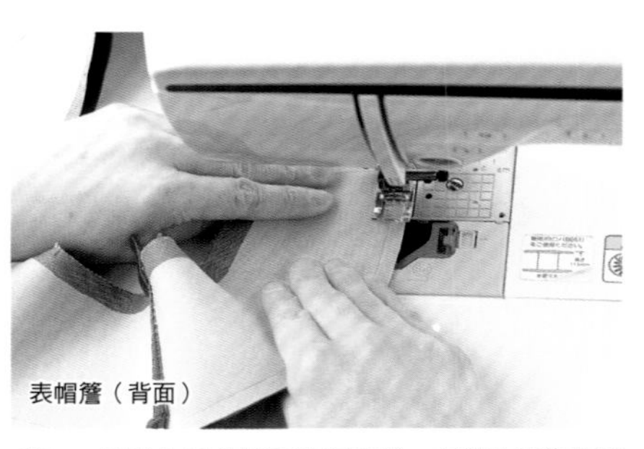

表帽簷（背面）

④ 一開始先回針縫再進行車縫。布邊始終位於壓布腳內側，靠近跟前時再拿掉強力夾。

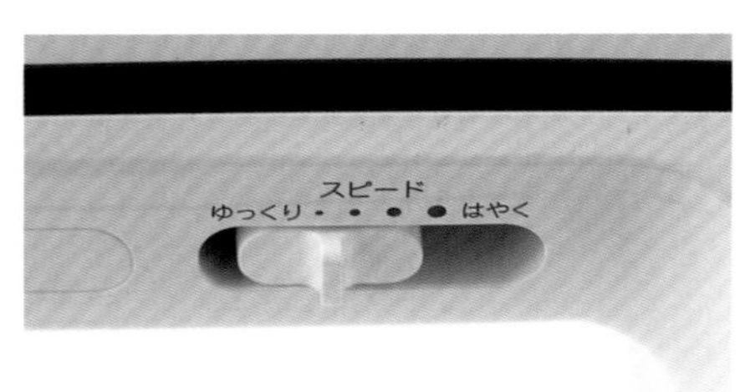

スピード
ゆっくり
はやく

⑤ 新手將速度放慢，盡量不要中途停下，以免針趾歪歪扭扭的。

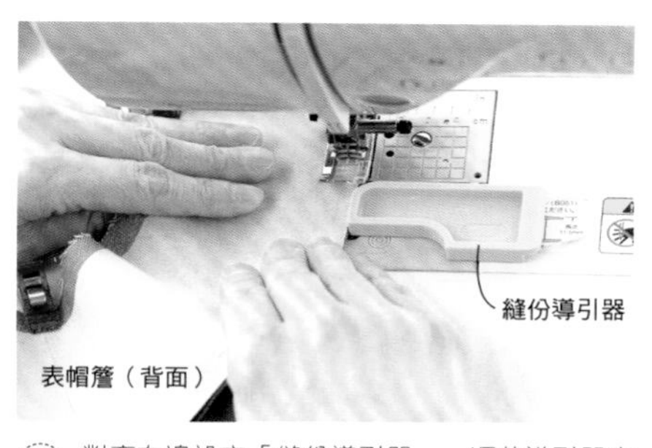
縫份導引器
表帽簷（背面）

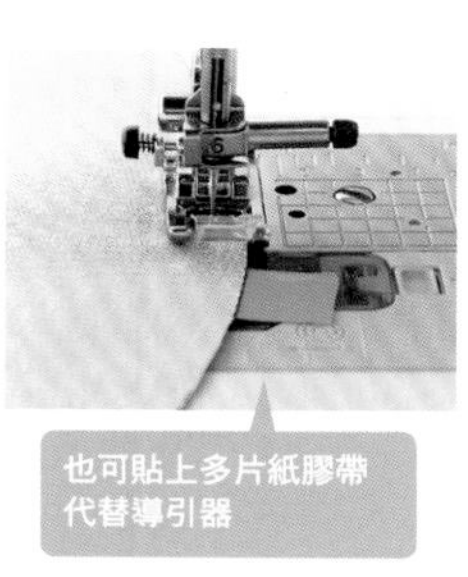
也可貼上多片紙膠帶
代替導引器

6 對齊布邊設定「縫份導引器」，順著導引器車縫，就能車出一定寬度的縫份。

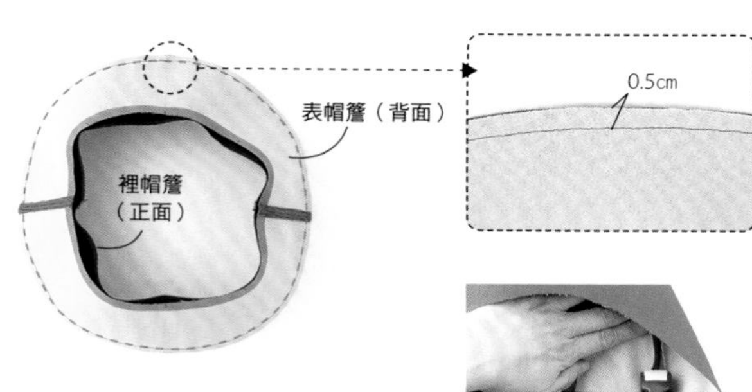
0.5cm
表帽簷（背面）
裡帽簷
（正面）

7 車縫一圈。最後也回針縫再將線剪斷。翻到正面，燙開縫份。

車縫帽頂與帽身

要將弧線部分縫合成立體狀是很難的作業。準確對齊合印記號，帽頂在下面，帽身在上面的車縫。

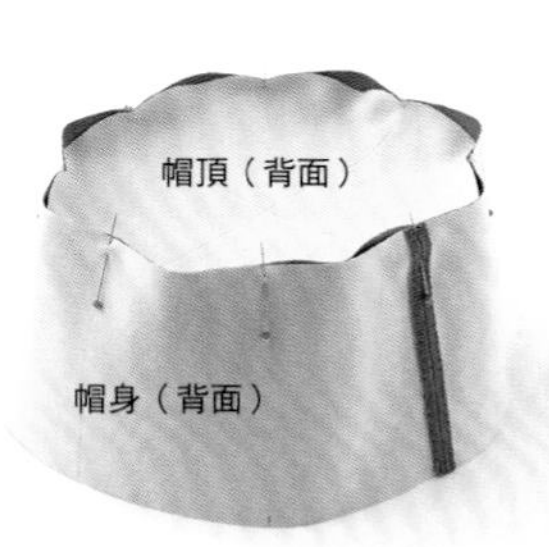
帽頂（背面）
帽身（背面）

1 帽頂與帽身正面相對，以珠針固定兩脇邊與合印。

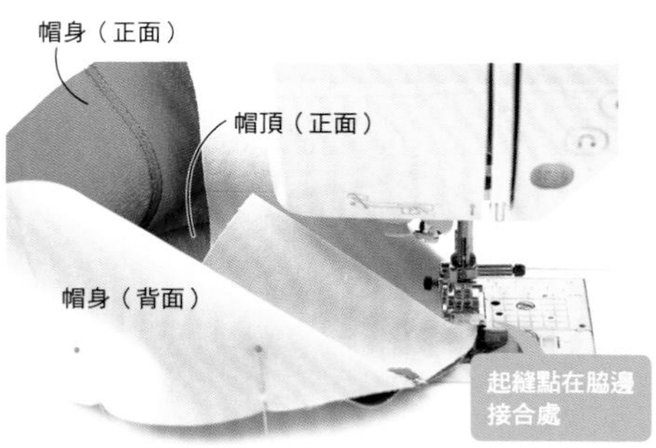
帽身（正面）
帽頂（正面）
帽身（背面）
起縫點在脇邊
接合處

2 帽身在上面車縫。車針設定在離壓布腳內側0.5cm處。車針保持不動時，離車針0.5cm的位置在哪裡為基準。

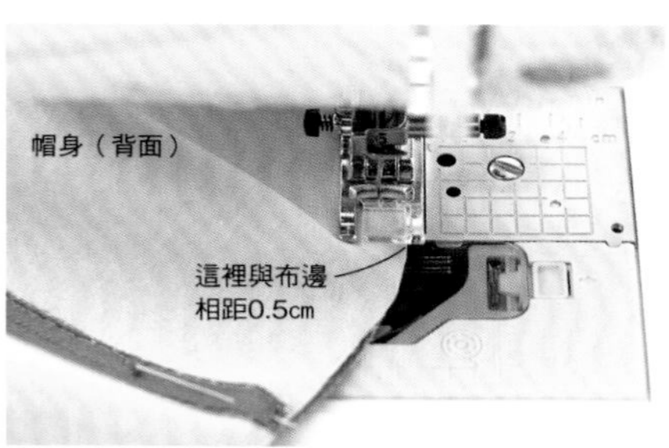
帽身（背面）
這裡與布邊
相距0.5cm

3 布邊對齊壓布腳內側，回針縫後再開始前進車縫。針趾長2.5mm。

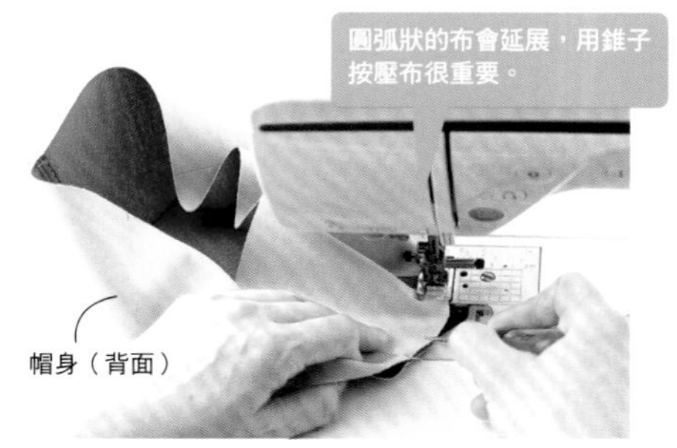
圓弧狀的布會延展，用錐子
按壓布很重要。
帽身（背面）

4 左手扶住帽身與帽頂，右手用錐子按壓布，持續車縫。

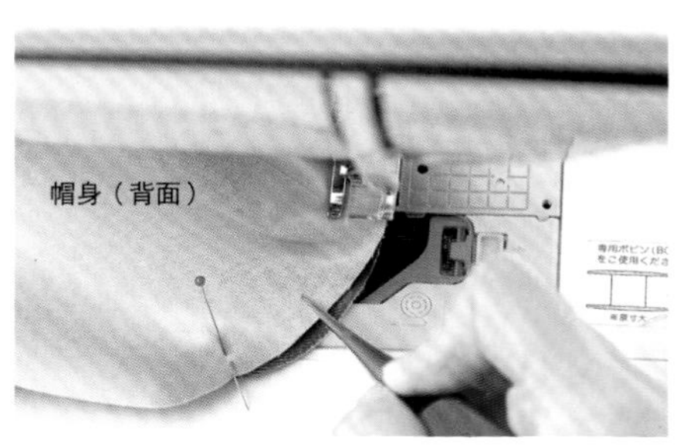
帽身（背面）

5 過程中若布出現移位就先暫停。

6 對齊布邊繼續車縫。

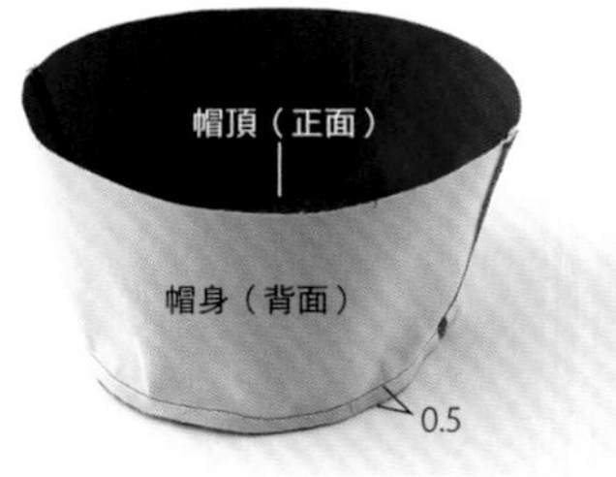
帽頂（正面）
帽身（背面）
0.5

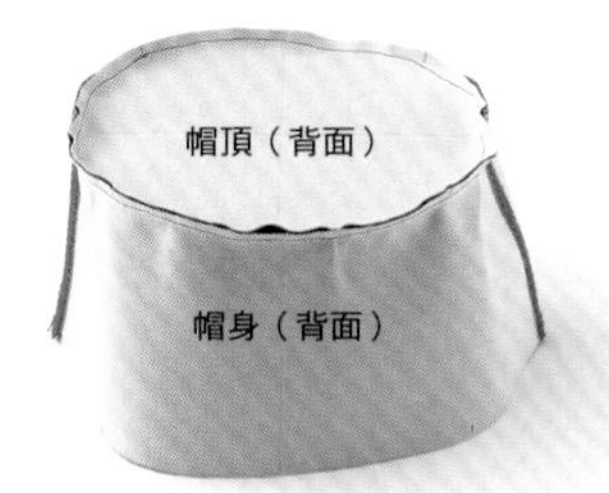
帽頂（背面）
帽身（背面）

7 車縫一圈。最後也回針縫再將線剪斷。

2 壓線

壓線的位置有帽頂與帽身的縫合處、帽簷端以及止汗帶接縫處。此外，為了整平縫份、裝飾或確實保持形狀等目的也會進行壓線。基於有的部分比較厚，有的是作為設計重點，所以使用30號的線來進行壓線。

在帽身壓線

在帽頂的縫份壓線，確實保持簡潔平整，讓縫份不會在使用過程翹起錯疊。

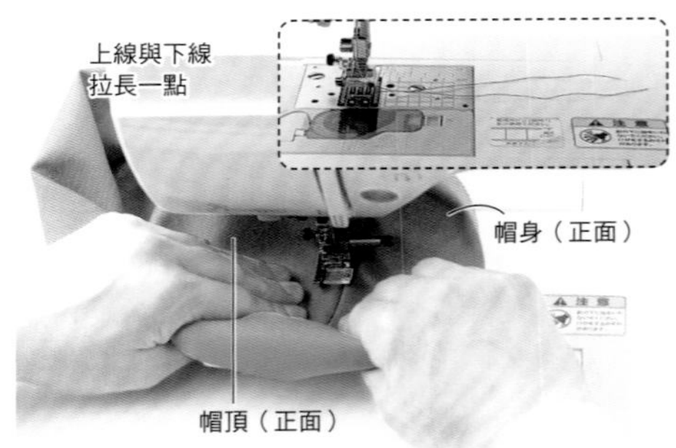

上線與下線拉長一點
帽身（正面）
帽頂（正面）

① 上線與下線留長一點。如圖片，雙手握著帽身稍微往兩側撐開車縫。

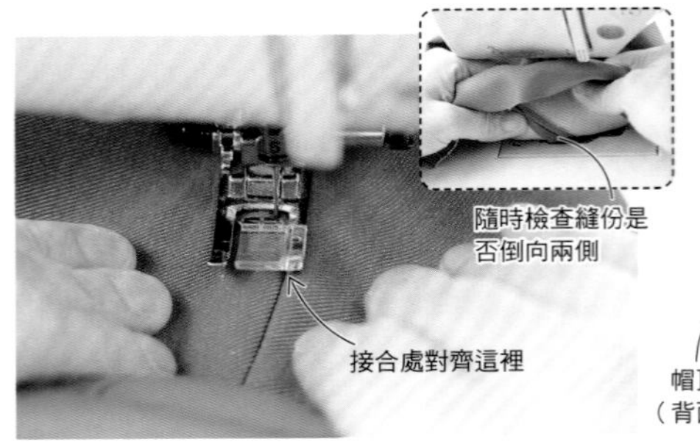

隨時檢查縫份是否倒向兩側
接合處對齊這裡

② 將車針設定在離壓布腳內側0.2cm處。接合處對齊壓布腳內側，不作回針縫，直接開始前進車縫。針趾長3至3.5mm。

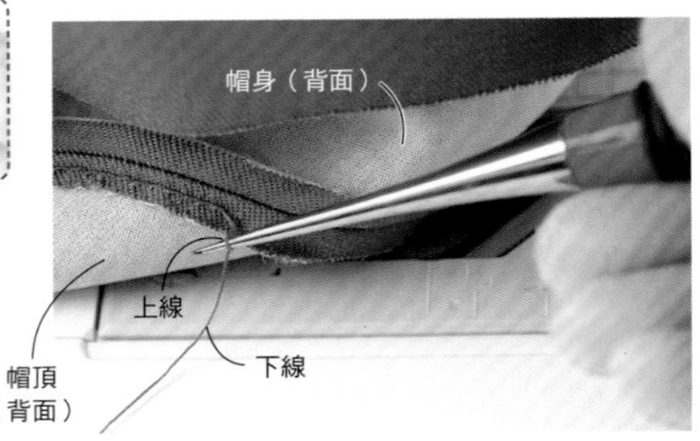

帽身（背面）
上線
下線
帽頂（背面）

③ 車到離起縫點約15cm處先暫停，用錐子將起縫點的上線挑至裡側。

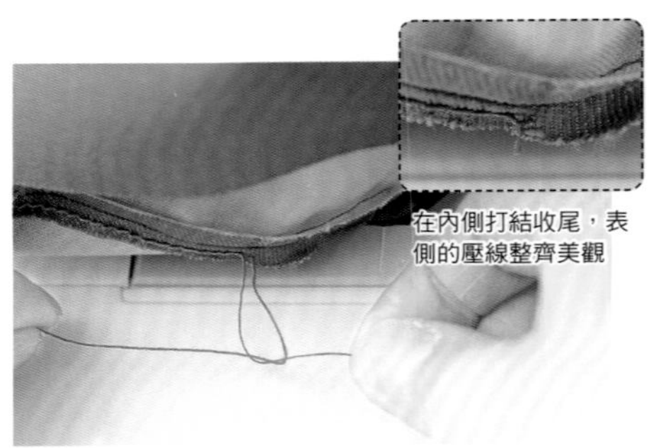

在內側打結收尾，表側的壓線整齊美觀

④ 上線與下線打3個結，剪去多餘的線。接續車縫，在起縫點重複車兩針。

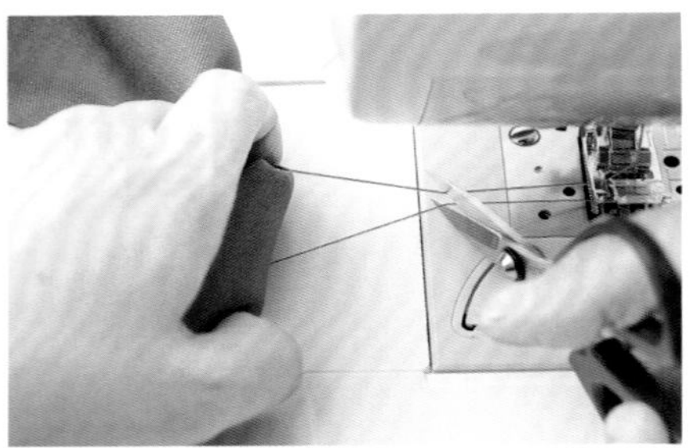

⑤ 不回針縫，線留長一點後剪斷。依③④將上線拉至裡側，打結收尾。

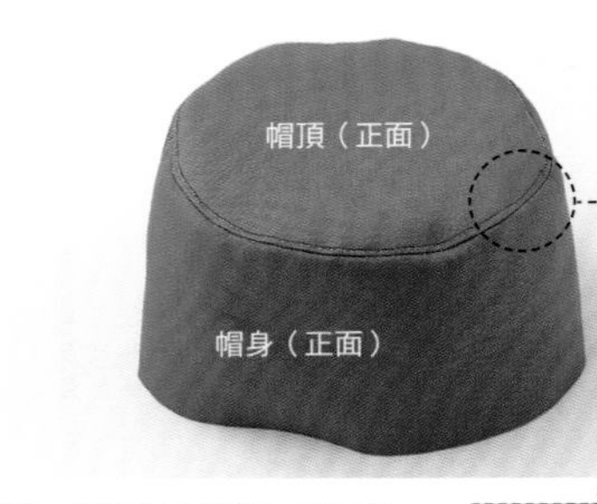

帽頂（正面）
帽身（正面）

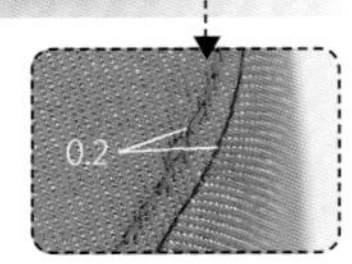

0.2

⑥ 帽頂完成壓線。無回針縫，看起來很整齊。

在帽身壓線

作法與帽頂壓線相同，在縫份完全倒向兩側下進行壓線。

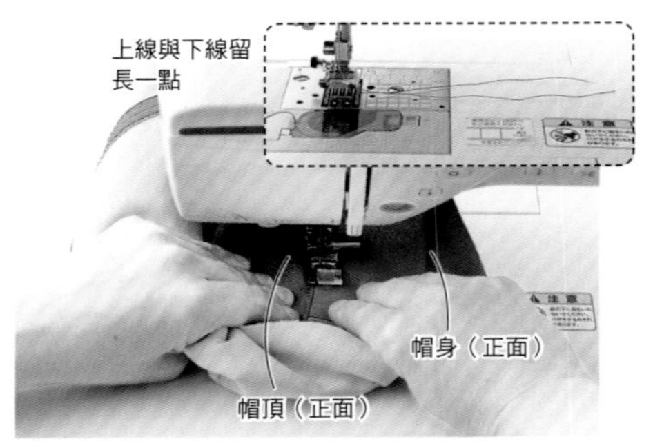

上線與下線留長一點
帽身（正面）
帽頂（正面）

① 上線與下線留長一點。如圖片，雙手握著帽身稍微往兩側撐開車縫。

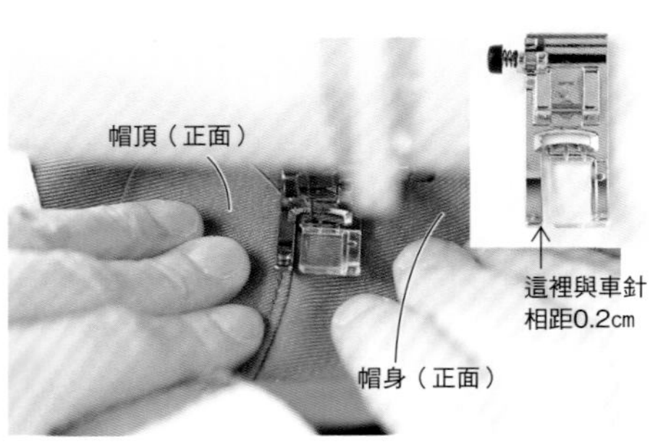

帽頂（正面）
這裡與車針相距0.2cm
帽身（正面）

② 將接合處對齊壓布腳內側，車針在離這裡0.2cm處，開始車縫，並隨時檢查縫份是否倒向兩側。

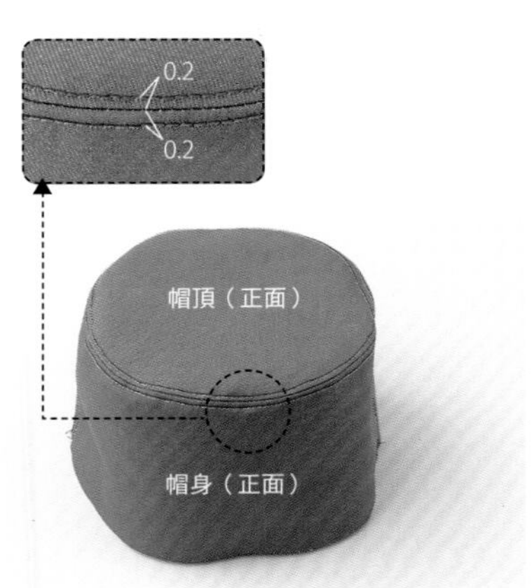

0.2
0.2
帽頂（正面）
帽身（正面）

③ 依在帽身壓線的③至⑤車縫。不回針縫，針趾不會重疊，看起來更工整。

在帽簷壓線

本書作品有的是在帽簷加上1至2圈壓線，有的是繞整個帽簷壓線，讓帽子更紮實。繞整個帽簷壓線的作法如下。

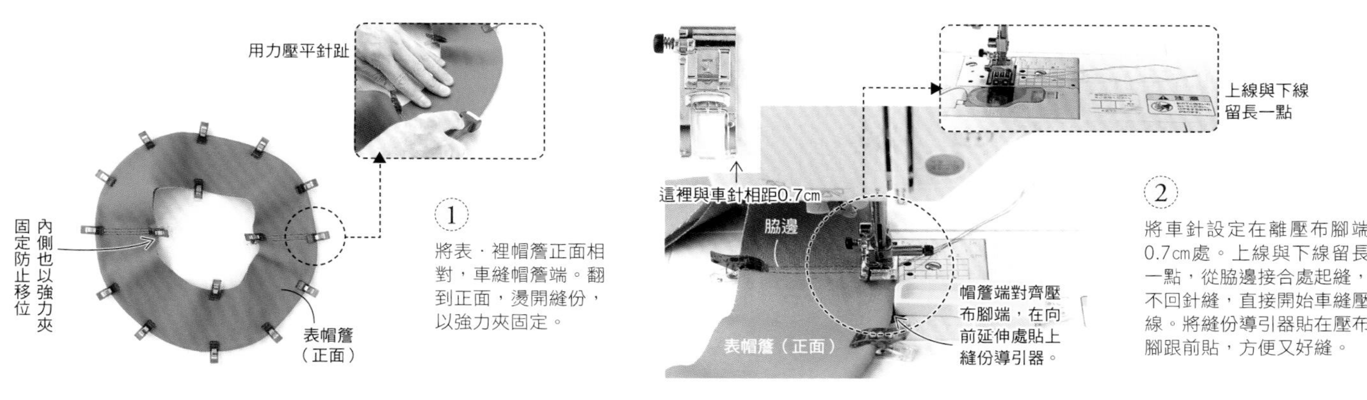

用力壓平針趾
內側也以強力夾固定防止移位
表帽簷（正面）
這裡與車針相距0.7cm
脇邊
表帽簷（正面）
帽簷端對齊壓布腳端，在向前延伸處貼上縫份導引器。
上線與下線留長一點

1. 將表．裡帽簷正面相對，車縫帽簷端。翻到正面，燙開縫份，以強力夾固定。

2. 將車針設定在離壓布腳端0.7cm處。上線與下線留長一點，從脇邊接合處起縫，不回針縫，直接開始車縫壓線。將縫份導引器貼在壓布腳跟前貼，方便又好縫。

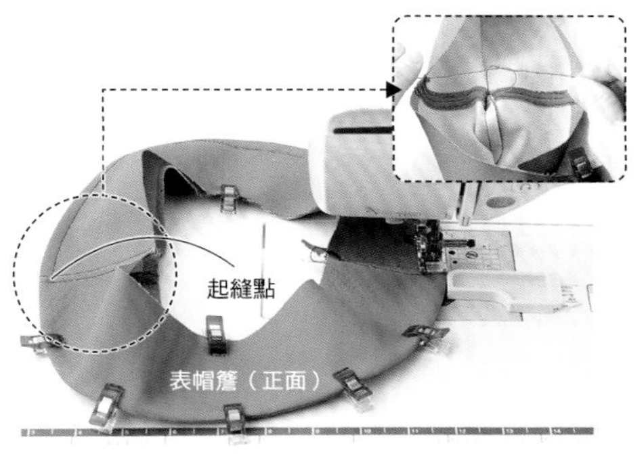

起縫點
表帽簷（正面）

3. 壓線完半圈先暫停。打開帽簷，將起縫點的上線與下線拉至裡側打3個結，剪去多餘的線。

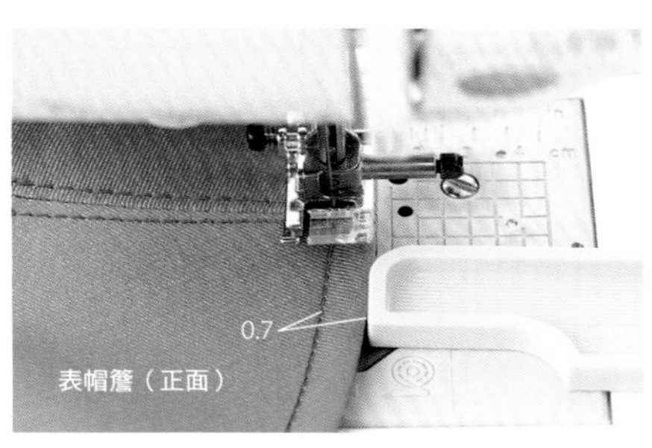

0.7
表帽簷（正面）

4. 完成剩下半圈的壓線。回到起縫點即停下。

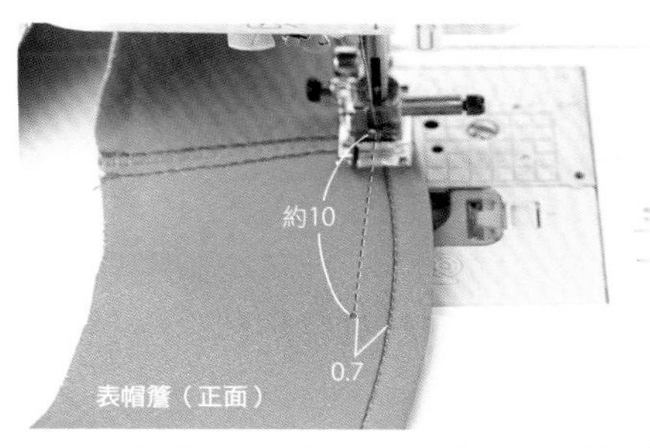

約10
0.7
表帽簷（正面）

5. 在離起縫點10cm向內0.7cm處作記號。移除縫份導引器。

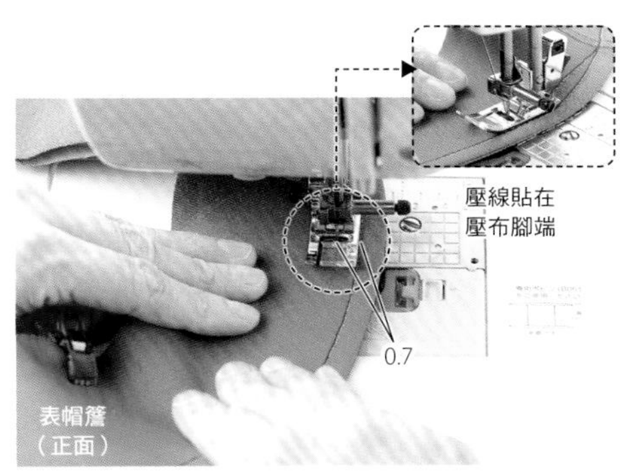

壓線貼在壓布腳端
0.7
表帽簷（正面）

6. 朝著⑤所作的記號斜向壓線。縫到記號時，壓布腳端剛好與所壓的線重疊。

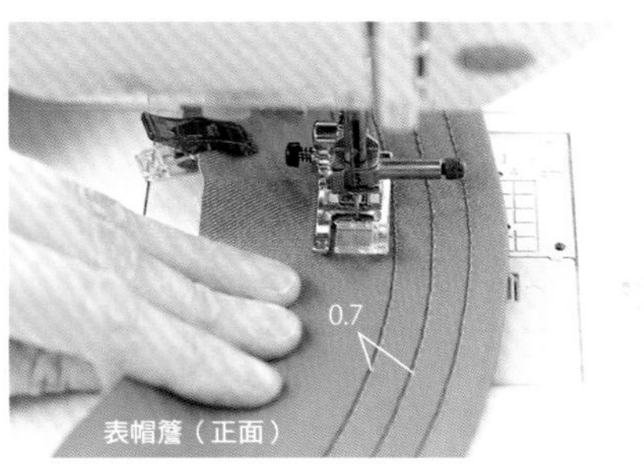

0.7
表帽簷（正面）

7. 壓布腳端就這樣貼著之前的壓線，繞圈車縫。

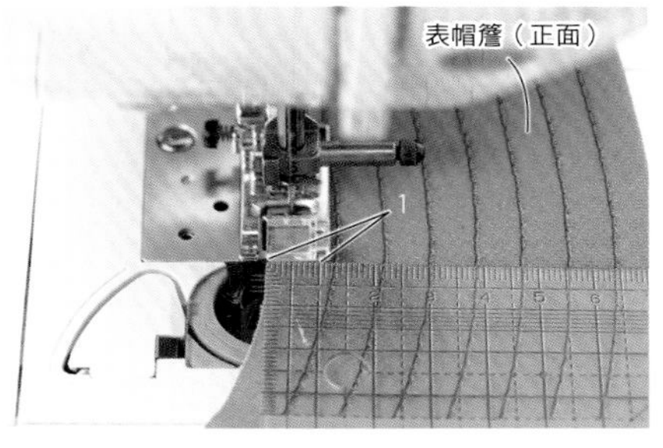

表帽簷（正面）
1

8. 持續壓線，直到離內側縫份向內1cm處。

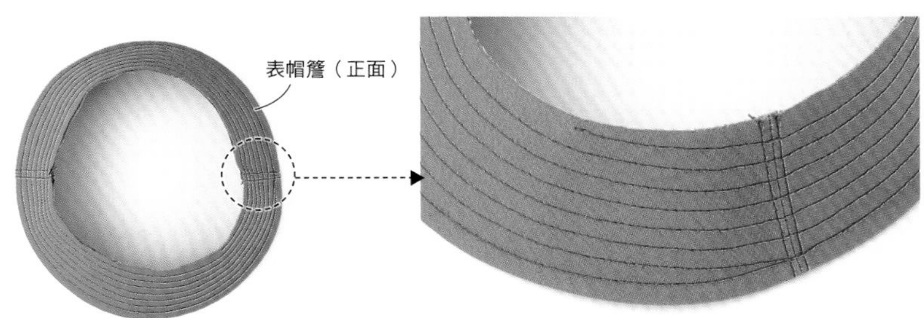

表帽簷（正面）

9. 回針縫後將線剪斷。

3 對齊帽身頂點

在縫製鐘型帽、棒球帽及報童帽的帽身時，對齊頂點是比較難的作業。原因在於頂點有多層縫份，導致厚度增加，不容易對齊。這裡介紹兩種頂點的縫法，重點是每次車縫都要確實燙開縫份。若結果還是無法對齊，可在頂點縫上包釦，兼具裝飾與隱藏針趾的效果。

疏縫

最不會出錯的就是先疏縫。此外，減少縫份厚度也很重要，所以頂點不燙貼黏著襯。

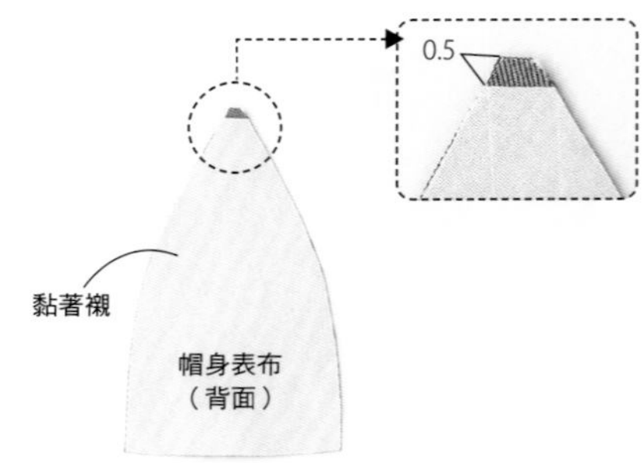
0.5
黏著襯
帽身表布
（背面）

① 在帽身表布背面燙貼黏著襯。頂點部分內縮0.5cm不貼襯以減少厚度。

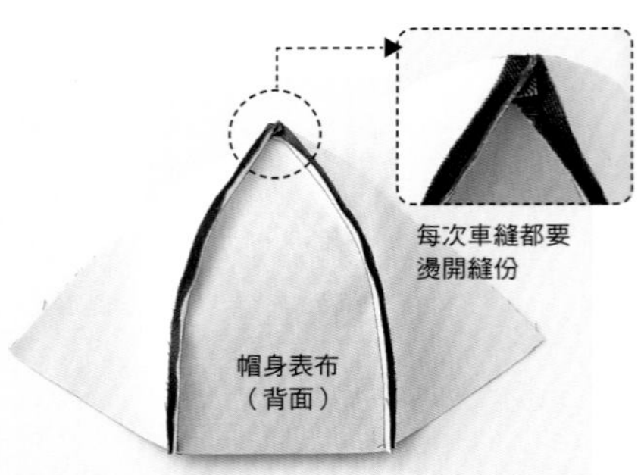
每次車縫都要
燙開縫份
帽身表布
（背面）

② 兩片帽身表布正面相對車縫，燙開縫份。再與另一片帽身正面相對車縫，燙開縫份。重複相同步驟，每3片縫成一組，共兩組。

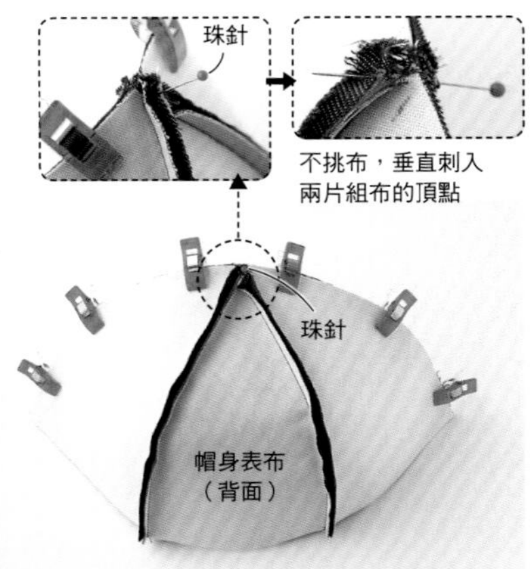
珠針
不挑布，垂直刺入
兩片組布的頂點
珠針
帽身表布
（背面）

③ 將②的兩組帽身正面相對，以強力夾固定。珠針與頂點垂直的插入。

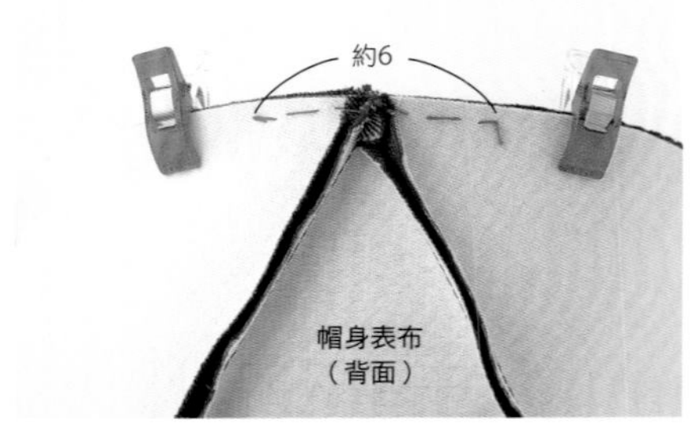
約6
帽身表布
（背面）

④ 不拔下珠針，從頂點往左右各疏縫約3cm。

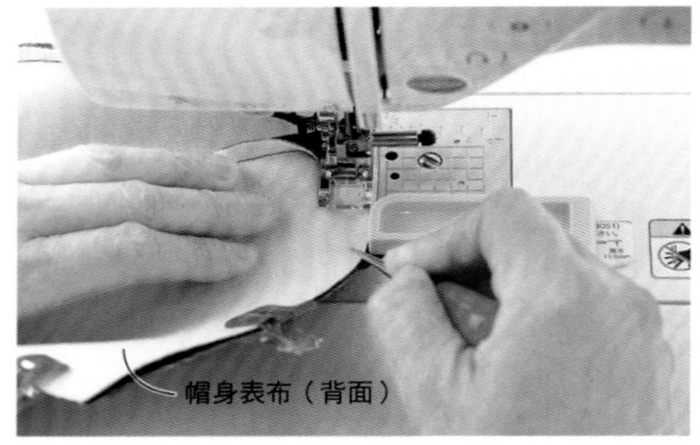
帽身表布（背面）

⑤ 從帽圍起縫，回針縫後再開始前進車縫。車到頂點時，先抬起壓布腳，確定縫份未反摺，再用錐子一邊整布一邊車。

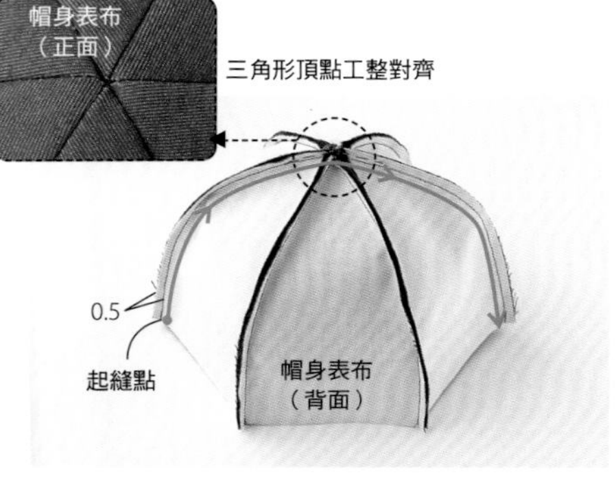
帽身表布
（正面）
三角形頂點工整對齊
0.5
起縫點
帽身表布
（背面）

⑥ 終點也回針縫後再剪斷線。

從頂點往左右車縫

從頂點開始車縫第一針，可防止位移問題。
因為車針需刺入兩組帽身的頂點，較適合熟悉縫紉機的熟手。

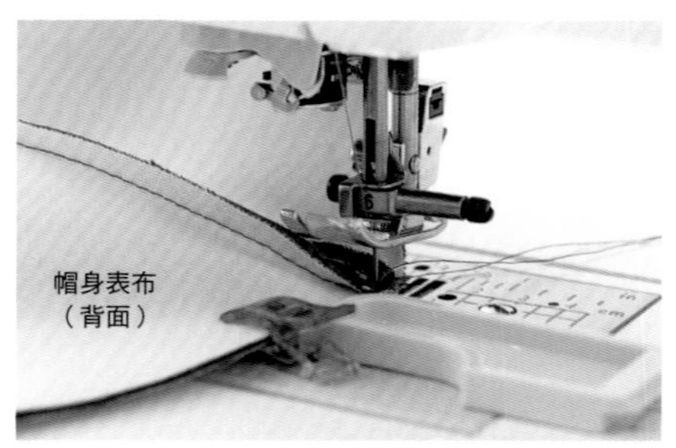
帽身表布
（背面）

① 如疏縫的③，將3片縫合的兩組帽身正面相對，以強力夾固定。第一針落在頂點，回針縫後再開始車縫至帽圍。

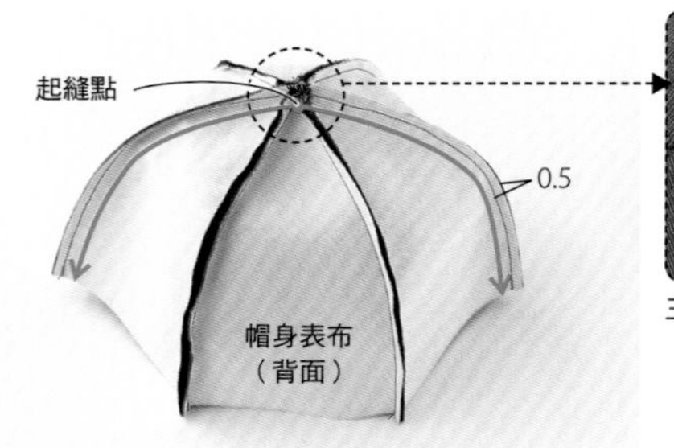
起縫點
0.5
帽身表布
（背面）

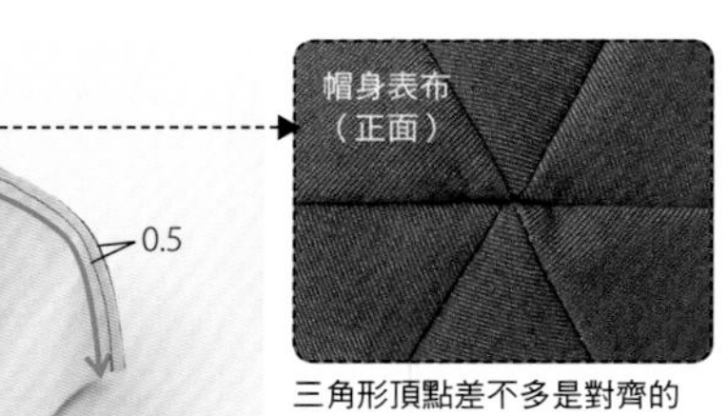
帽身表布
（正面）
三角形頂點差不多是對齊的

② 另一側在最開始的針腳上重複2至3針，回針縫後再開始車縫至帽圍。

4 車縫有厚度的部分

製作帽子時布會隨著進度越疊越厚，增加車縫難度，所以要盡量減輕厚度，像是黏著襯不加縫份、在縫份剪牙口、縮短縫份寬度、將重疊部分壓平等。若仍舊車不動，可試著改用粗1號的車針。

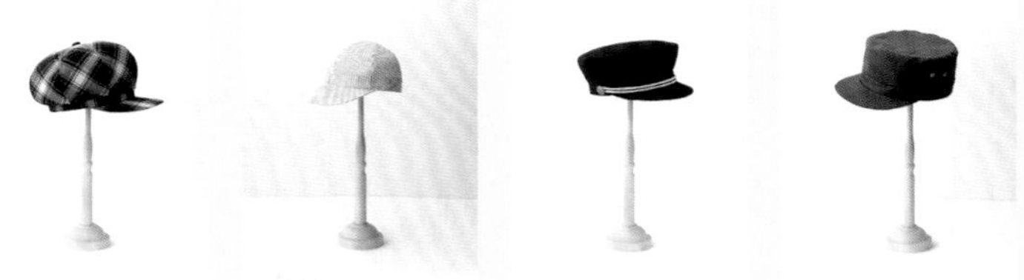

車縫因縫份重疊而增厚的部分

接合一旦增加，縫份也將多層推疊，此時，先用木槌敲平再車縫會容易許多。

帽身表布
（背面）

1 縫合6片帽身表布後，頂點的縫份厚到向上鼓起。

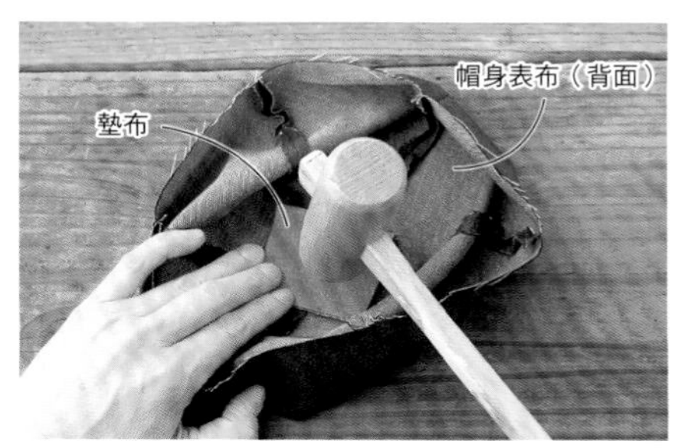

帽身表布（背面）
墊布

2 在頂點墊上布，用木槌或布鎮輕敲。

帽身表布（背面）

3 縫份攤平，縮小落差，比較好壓線。

車縫放入膠板的帽簷

在帽簷（帽舌）部分加入厚0.5mm至1mm的膠板。壓線用的針與線都要加粗，針趾也拉長為3至3.5mm。

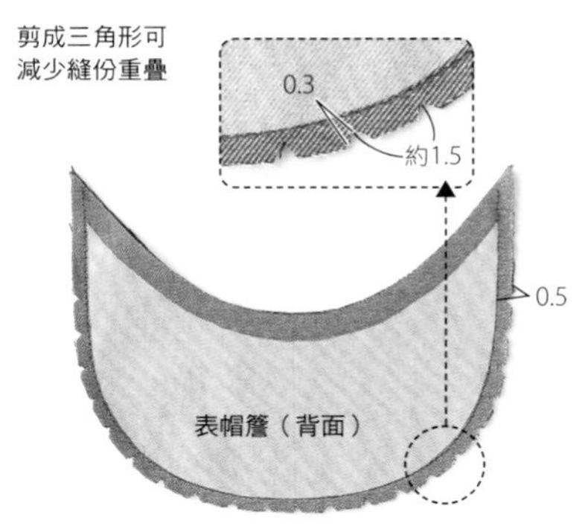

剪成三角形可
減少縫份重疊
0.3
約1.5
0.5
表帽簷（背面）

1 在表帽簷與裡帽簷燙貼不含縫份裁下的黏著襯，正面相對車縫帽簷端。縫份剪三角形牙口。

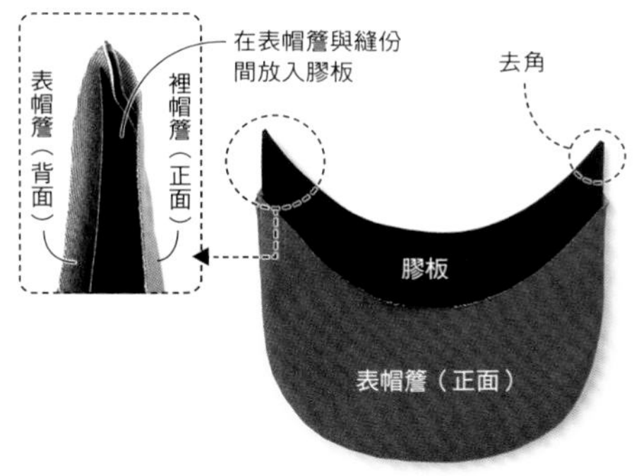

表帽簷（背面）
裡帽簷（正面）
在表帽簷與縫份
間放入膠板
去角
膠板
表帽簷（正面）

2 燙開縫份，翻到正面。放入不含縫份裁下的膠板。

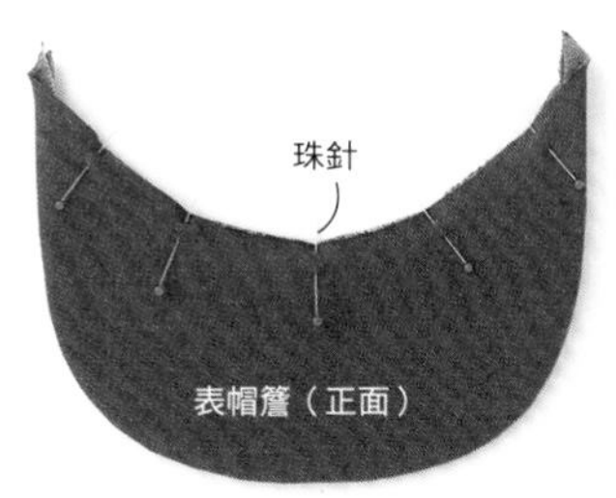

珠針
表帽簷（正面）

3 在接縫帽身側的縫份插上珠針，防止膠板滑動。

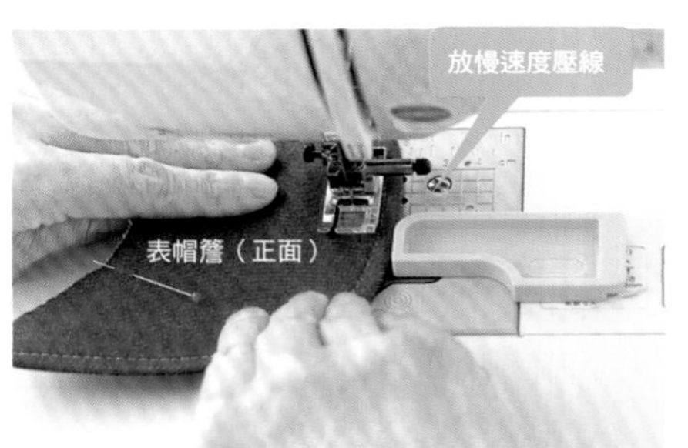

放慢速度壓線
表帽簷（正面）

4 以壓布腳的寬度為導引在帽簷上壓線。因為是丹寧布，車針是丹寧用16號，線是30號。

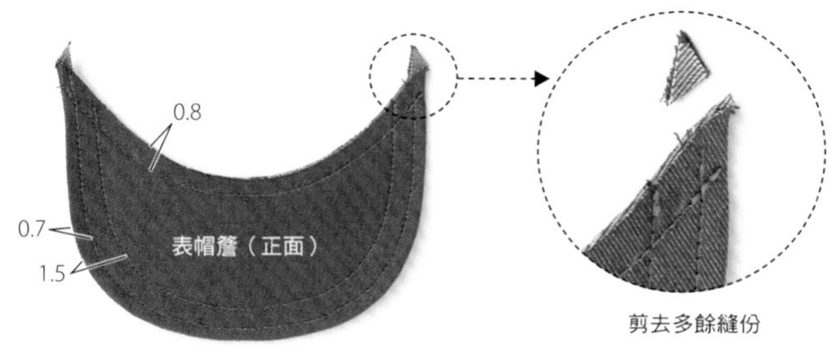

0.8
0.7
1.5
表帽簷（正面）
剪去多餘縫份

5 接縫側位於膠板外側，在縫份壓線暫時固定。剪去多餘縫份。

5 夾入定型線

在帽簷端夾入定型線，可任意彎摺，輕鬆改變形狀並加以維持。定型線必須穩穩固定於帽簷端，才能縫得整齊好看。而與其夾在縫份與表布之間，夾在縫份與縫份之間再壓線，較能減少定型線在帽簷中滑動，更簡潔俐落。

在帽簷夾入定型線車縫

在淑女帽夾入保持形狀用的定型線。需花點時間固定在帽簷，但只要充分固定，之後壓線作業就輕鬆了。

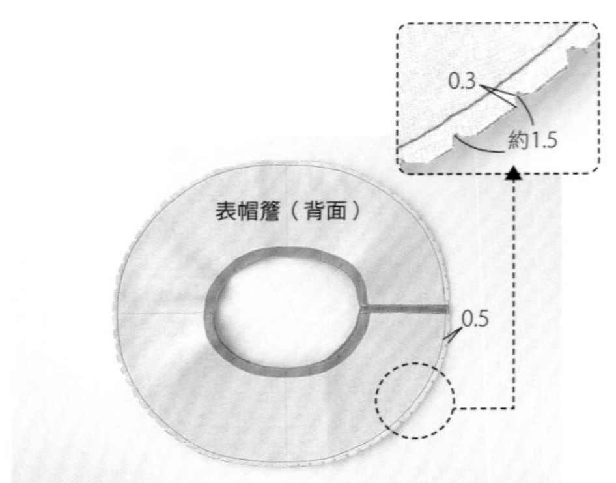
0.3
約1.5
表帽簷（背面）
0.5

① 在表帽簷、裡帽簷燙貼黏著襯，各自摺雙縫成輪狀，燙開縫份，進行壓線。將兩片正面相對，車縫四周，縫份剪三角形牙口。

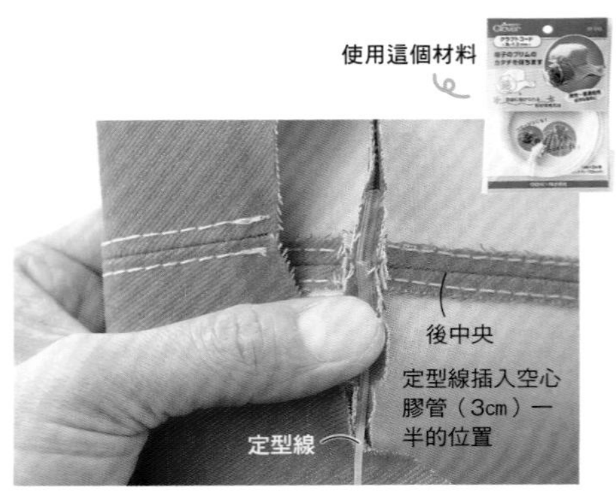
使用這個材料
後中央
定型線插入空心膠管（3cm）一半的位置
定型線

② 翻到正面，燙開縫份。將附屬的空心膠管剪成3cm，定型線插入管中約一半的位置。空心膠管放在後中央，將定型線夾入縫份間。

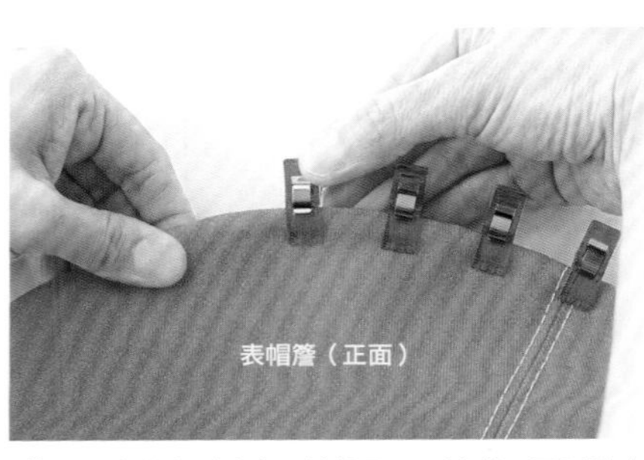
表帽簷（正面）

③ 一邊將定型線夾入縫份間，一邊從正面以強力夾固定。

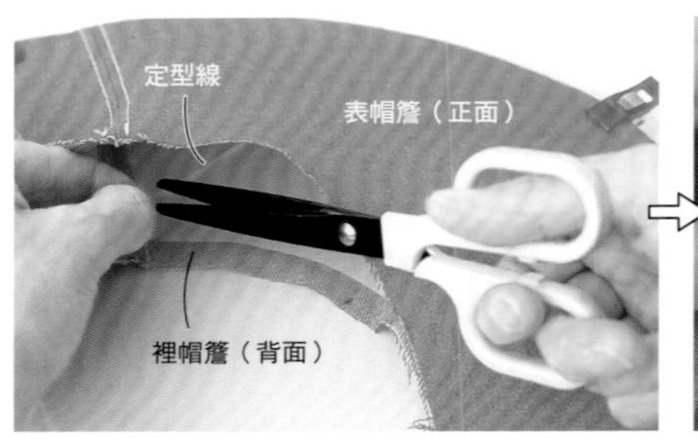
定型線
表帽簷（正面）
裡帽簷（背面）

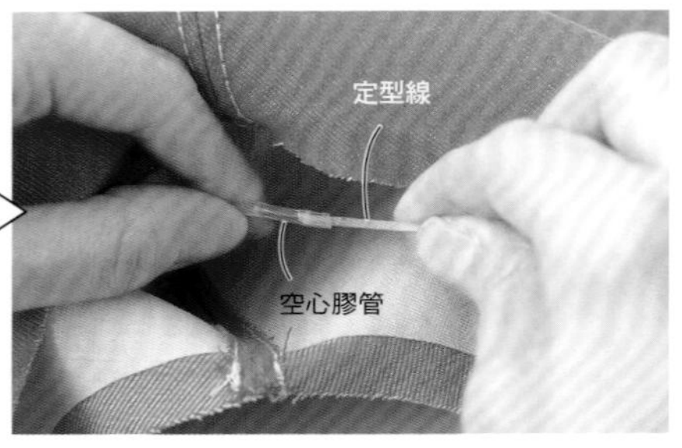
定型線
空心膠管

④ 最後剪去多餘定型線，插入空心膠管內。

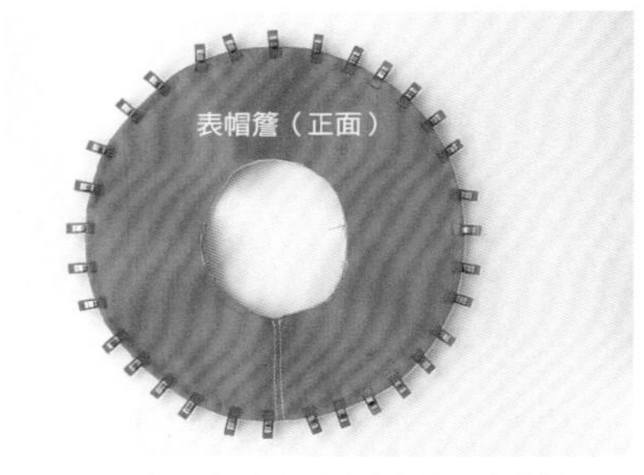
表帽簷（正面）

⑤ 環繞一圈夾入定型線，以強力夾固定的樣子。

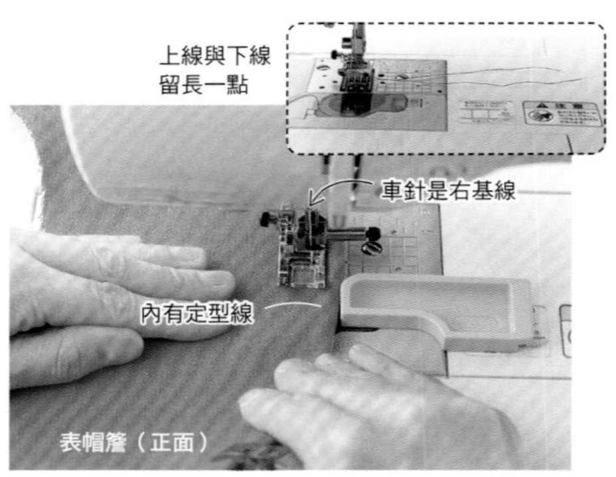
上線與下線
留長一點
車針是右基線
內有定型線
表帽簷（正面）

⑥ 定型線對齊壓布腳右側。上線與下線留長一點，不回針縫，直接從後中央開始車縫。壓布腳靠著定型線車起來更容易。

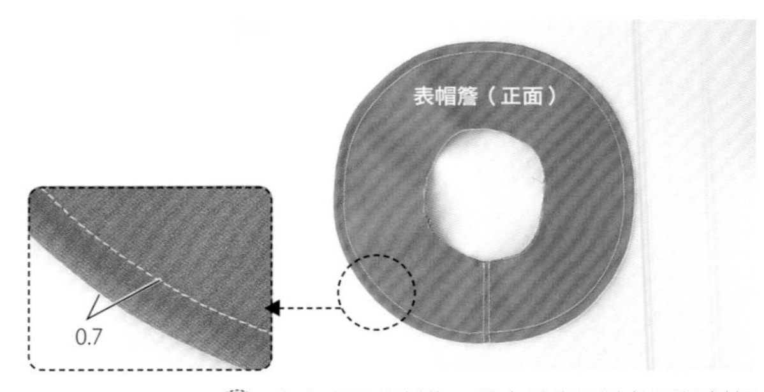
表帽簷（正面）
0.7

⑦ 車完半圈先暫停，將上線與下線拉至裡側打結。終點在起縫點重複兩針，上線與下線拉至裡側打結（參考P.34的③至⑤）。

⑥ 帽簷滾邊

由於帽簷是圓弧形，要加上滾邊是相當困難的。此處以船夫帽的帽簷為例，一併說明滾邊與暫時固定鐵絲的作法。熱熔線是有厚度、無法使用珠針固定時的好幫手。把它當下線，省去暫時固定的步驟。

一邊夾入鐵絲一邊滾邊

在保持形狀上，鐵絲的效果比定型線牢固一些。
以藏針縫將鐵絲固定在船夫帽的帽簷表側，再用斜布條包捲滾邊。

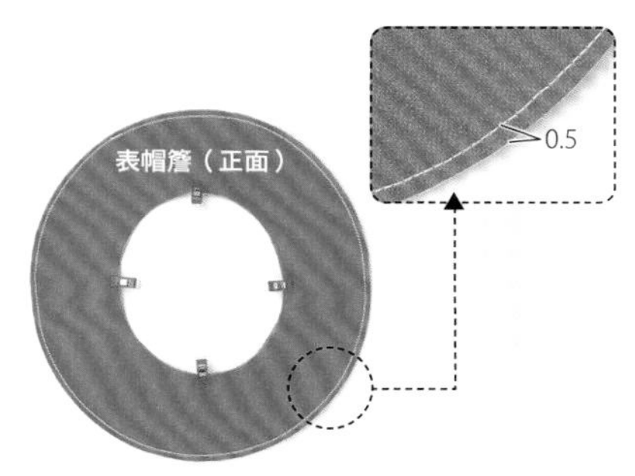
表帽簷（正面）
0.5

① 表・裡帽簷燙貼黏著襯，背面相對，車縫四周暫時固定。

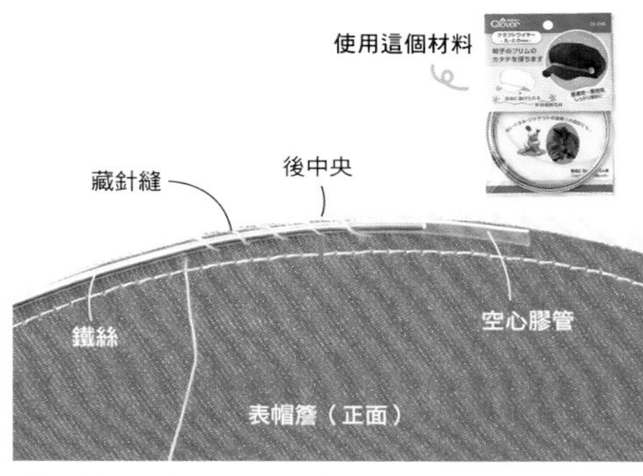
使用這個材料
藏針縫
後中央
鐵絲
空心膠管
表帽簷（正面）

② 將附屬的空心膠管剪成3cm，鐵絲插入管中約一半的位置。空心膠管錯開後中央，以藏針縫將鐵絲固定在帽簷端。

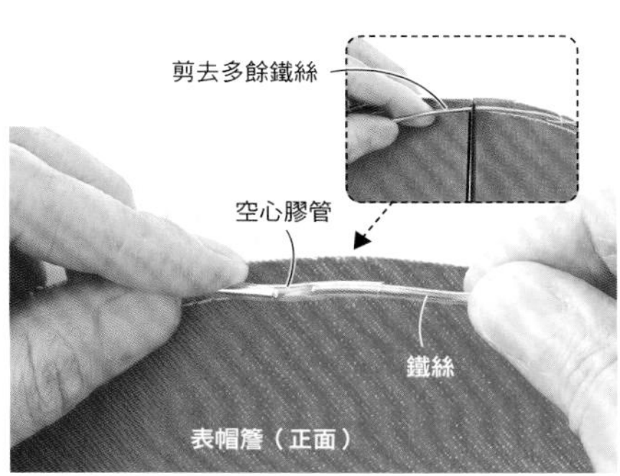
剪去多餘鐵絲
空心膠管
鐵絲
表帽簷（正面）

③ 最後剪去多餘鐵絲，插回空心膠管內。

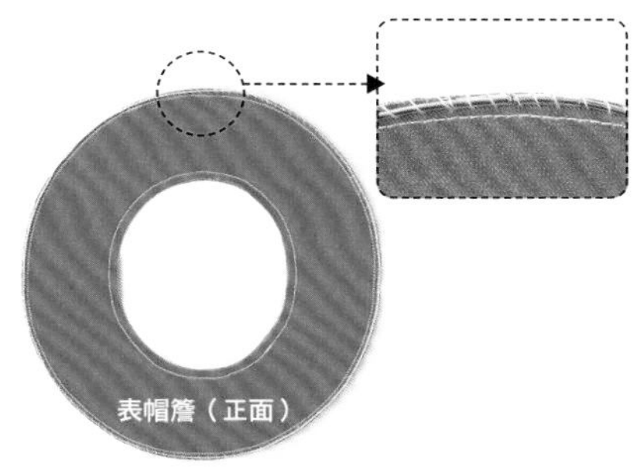
表帽簷（正面）

④ 藏針縫剩餘部分，繞帽簷端一圈固定鐵絲。

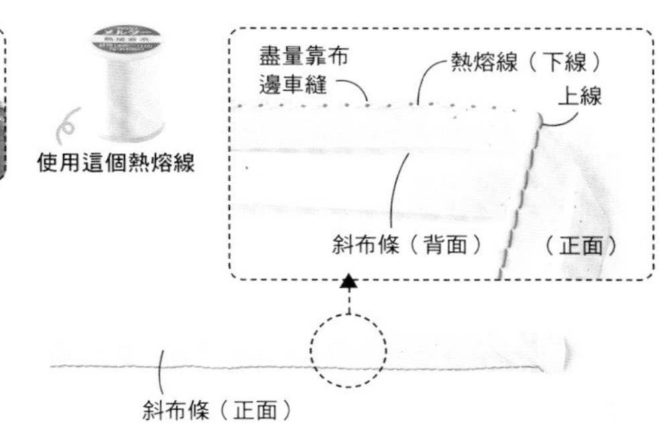
使用這個熱熔線
盡量靠布
邊車縫
熱熔線（下線）
上線
斜布條（背面）
（正面）
斜布條（正面）

⑤ 暫時車縫固定1.2cm寬四摺免燙斜布條的單側。下線使用熱熔線，上線會出現在表側。

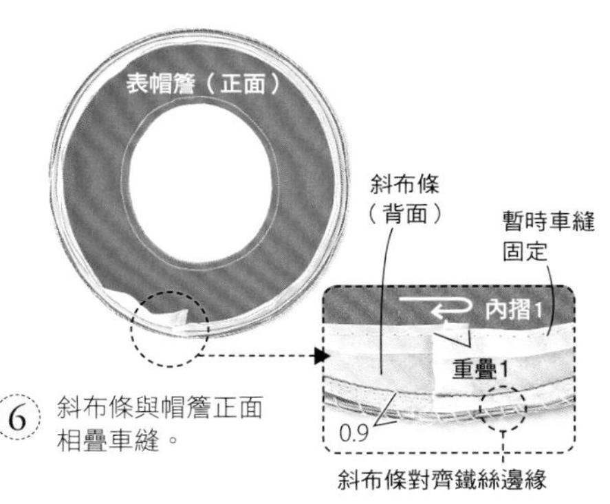
表帽簷（正面）
斜布條
（背面）
暫時車縫
固定
內摺1
重疊1
0.9
斜布條對齊鐵絲邊緣

⑥ 斜布條與帽簷正面相疊車縫。

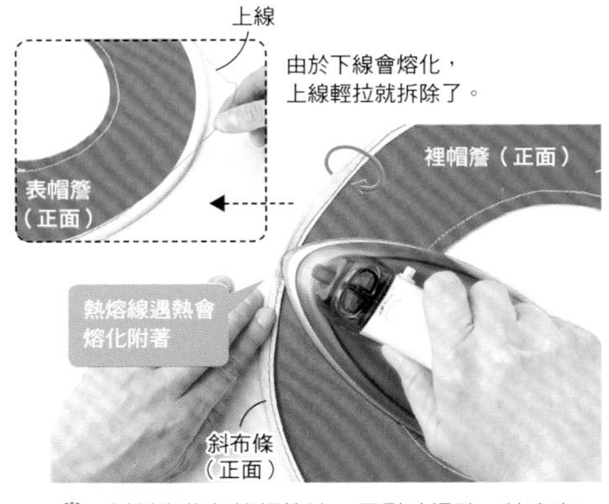
上線
由於下線會熔化，
上線輕拉就拆除了。
表帽簷
（正面）
裡帽簷（正面）
熱熔線遇熱會
熔化附著
斜布條
（正面）

⑦ 以斜布條包捲帽簷端，用熨斗燙貼。訣竅在一邊以斜布條遮住⑥的針趾一邊燙貼。

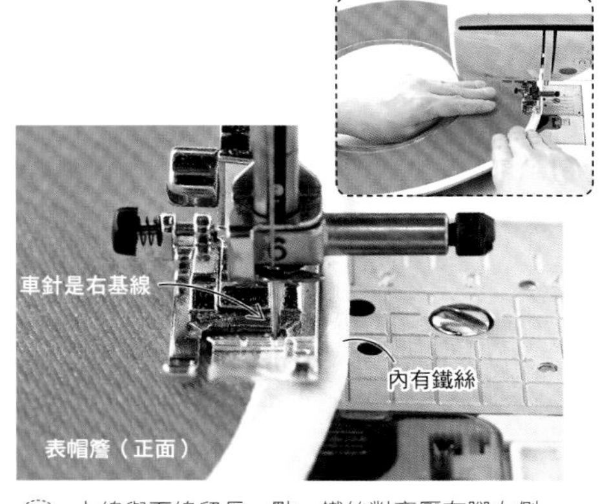
車針是右基線
內有鐵絲
表帽簷（正面）

⑧ 上線與下線留長一點，鐵絲對齊壓布腳右側，從後中央起縫，不回針縫直接前進車縫。壓布腳靠著鐵絲前進可以車得比較順。

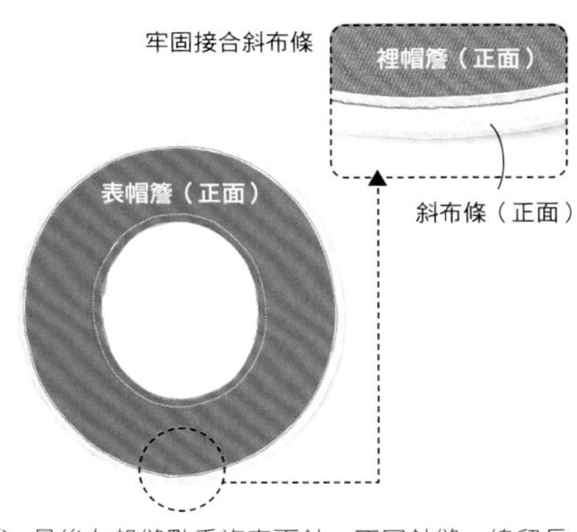
牢固接合斜布條
裡帽簷（正面）
斜布條（正面）
表帽簷（正面）

⑨ 最後在起縫點重複車兩針，不回針縫，線留長一點後剪斷。將上線拉至裡帽簷側打結，剪去多餘線。起縫點的線處理方式亦同。

7 車縫止汗帶

止汗帶車縫固定於帽圍內側，用於保持頭圍大小。本書除了鬱金香帽外，其餘作品都有使用。止汗帶可以吸汗防污，保持帽子本體的潔淨。如果髒了，就更換一條新的。

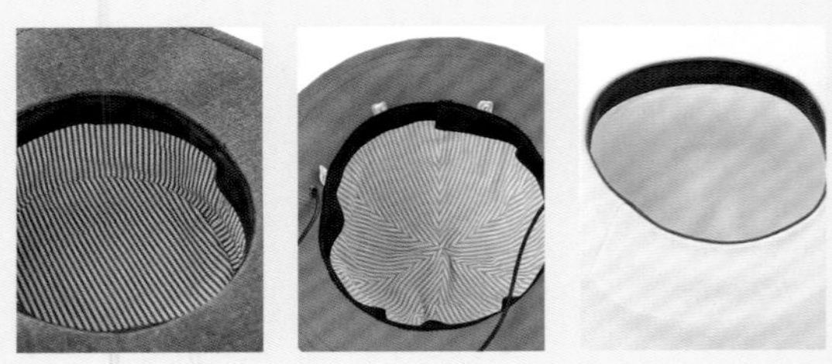

在帽圍接上止汗帶

帽圍在縫製過程中可能因為布料延展或重疊而改變尺寸，所以最好再次確認長度再縫上止汗帶。

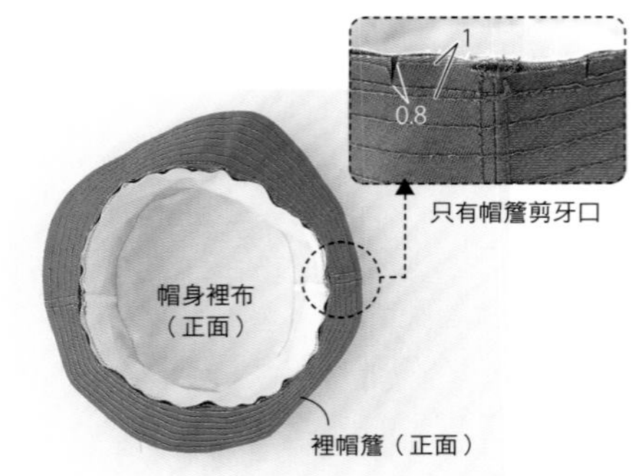
1
0.8
只有帽簷剪牙口
帽身裡布
（正面）
裡帽簷（正面）

① 接合帽身與帽簷後，將帽身表布與表帽簷正面相對，縫合帽圍處。

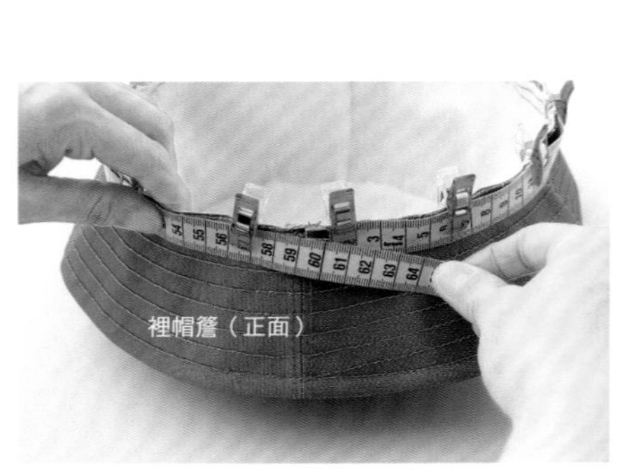
裡帽簷（正面）

② 測量帽圍長度。止汗帶原則上是帽圍長＋3cm。為保留一點餘裕，多加了1cm，變成64cm長。

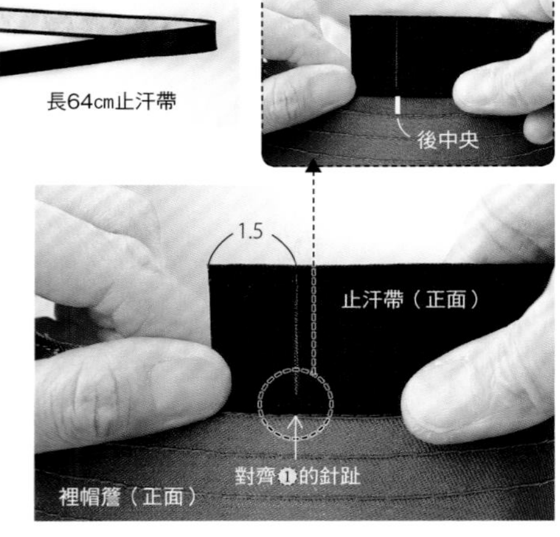
長64cm止汗帶
後中央
1.5
止汗帶（正面）
對齊❶的針趾
裡帽簷（正面）

③ 在離止汗帶末端1.5cm處作記號。記號對齊後中央，側邊對齊①的針趾。

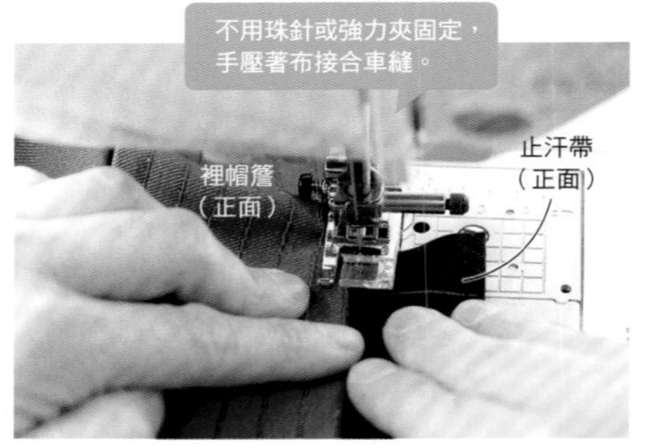
不用珠針或強力夾固定，
手壓著布接合車縫。
裡帽簷
（正面）
止汗帶
（正面）

④ 將止汗帶對齊帽簷針趾，回針縫後再開始前進車縫。

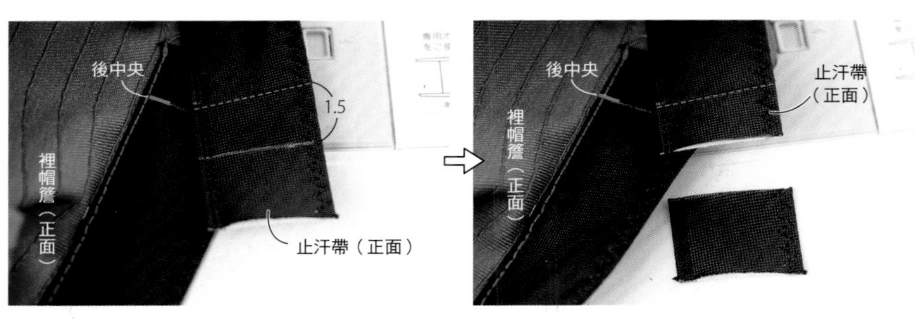
後中央
1.5
裡帽簷（正面）
止汗帶（正面）
後中央
止汗帶
（正面）
裡帽簷（正面）

⑤ 車縫一圈，在離終點5cm處暫停。試著整個疊上止汗帶確認長度，在離後中央1.5cm處剪斷。

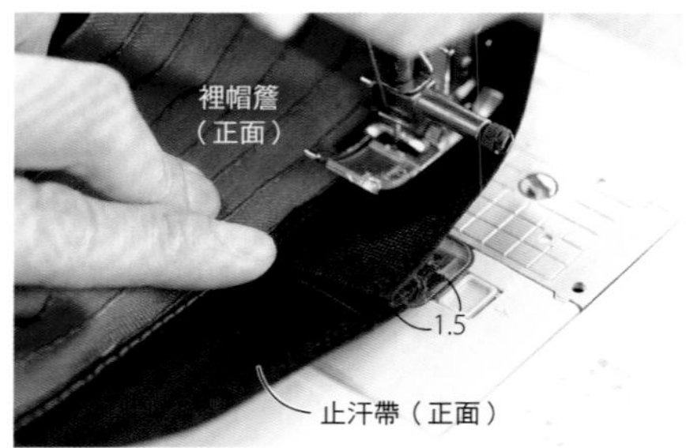
裡帽簷
（正面）
1.5
止汗帶（正面）

⑥ 止汗帶內摺1.5cm。

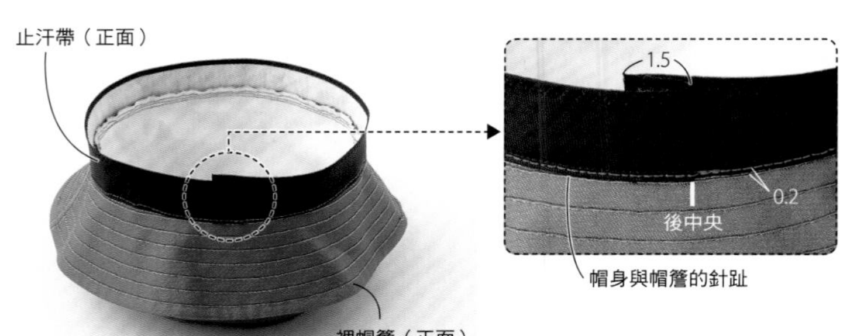
止汗帶（正面）
1.5
0.2
後中央
帽身與帽簷的針趾
裡帽簷（正面）

⑦ 車縫至山褶前數針處，作回針縫再剪斷線。

8 手縫雞眼透氣孔

帽子為了防悶熱，會在帽身兩側開洞當成透氣。可以直接安裝雞眼扣，或是如以下說明的以手縫方式開扣眼。使用的鈕釦線先用蠟燭上蠟補強。P.13工作帽的手縫透氣孔兼具裝飾效果。

手縫釦眼

打洞，於四周進行平針縫。以平針縫為導引縫製釦眼。
縫線與布料同色較難突顯，使用對比色能營造視覺亮點。

使用這種線

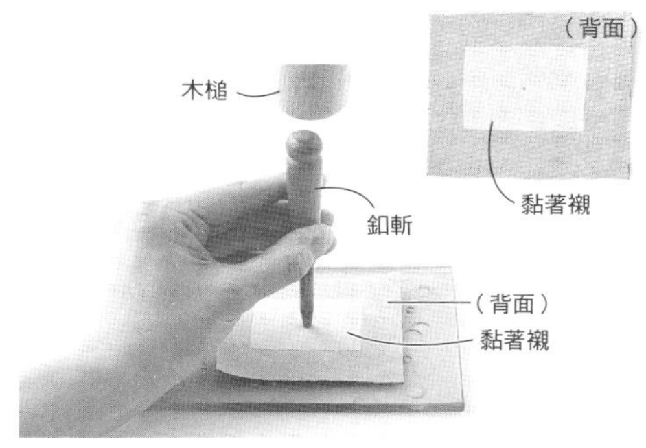
（背面）
木槌
釦斬
黏著襯
（背面）
黏著襯

1 在開釦眼位置的背面燙貼黏著襯補強。使用釦斬打洞，作品是0.3cm圓孔。

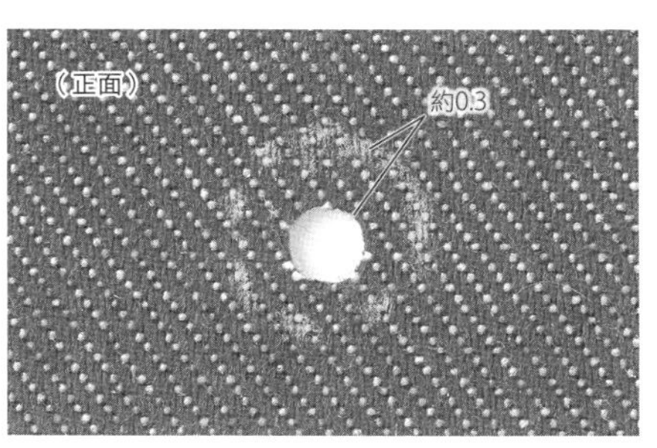
《正面》
約0.3

2 在環繞圓孔進行平針縫的位置作記號。

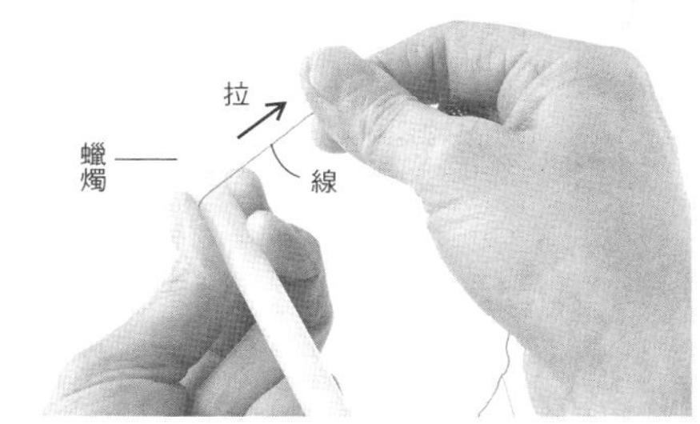
拉
蠟燭
線

3 線過蠟燭。將縫線貼在蠟燭上以手指按住，另一隻手拉線。重複數次。

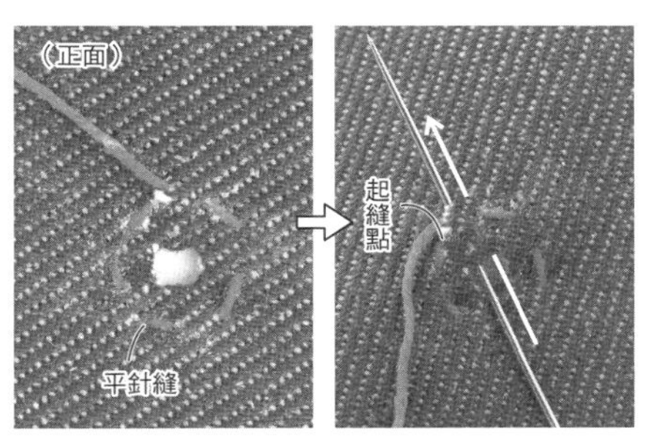
《正面》
起縫點
平針縫

4 打止縫結，從背面出針，沿記號平針縫一圈。從中間圓孔入針，在起縫點附近出針。

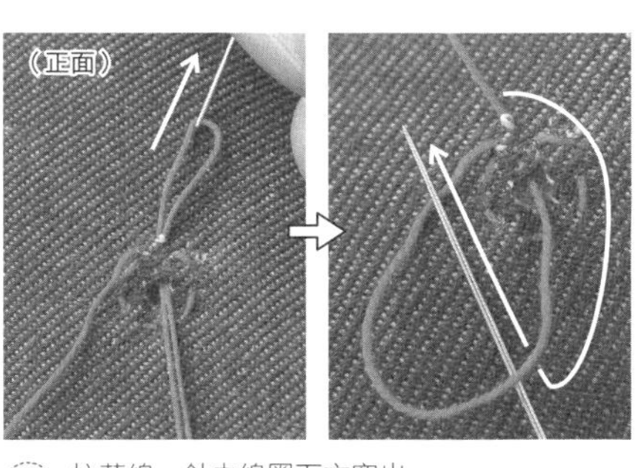
《正面》

5 拉著線，針由線圈下方穿出。

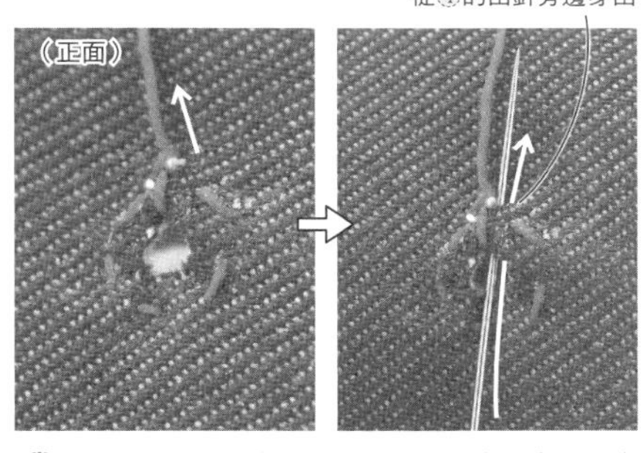
從④的出針旁邊穿出
《正面》

6 拉緊線，再從中間圓孔入針，從④的出針旁出針，遮住平針縫的縫線。

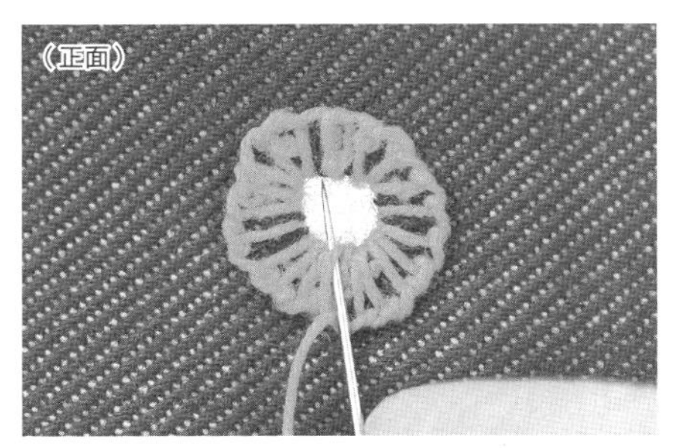
《正面》

7 重複步驟④至⑥，縫成放射狀。縫到終點，針穿入最初的縫線，從背面出針。

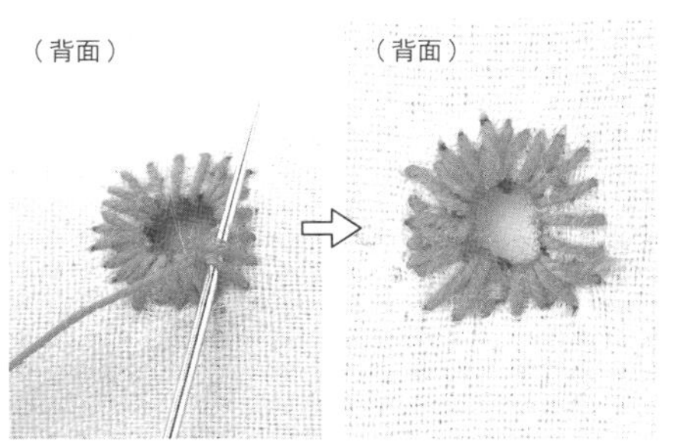
（背面）
（背面）

8 在背面挑縫2至3根縫線，往返兩次，剪斷線。

《正面》

9 以錐子整理圓孔形狀，完成。

9 測量與調整頭圍的方式

視使用的布料厚度、貼在布上的黏著襯厚度而定，還有作業過程中布料可能會皺縮或延展。基本上是參考P.43的尺寸對照表選擇合適的尺寸，而在車縫帽圍時也有微調尺寸的方法。正確測量頭圍也很重要，請參考以下說明。

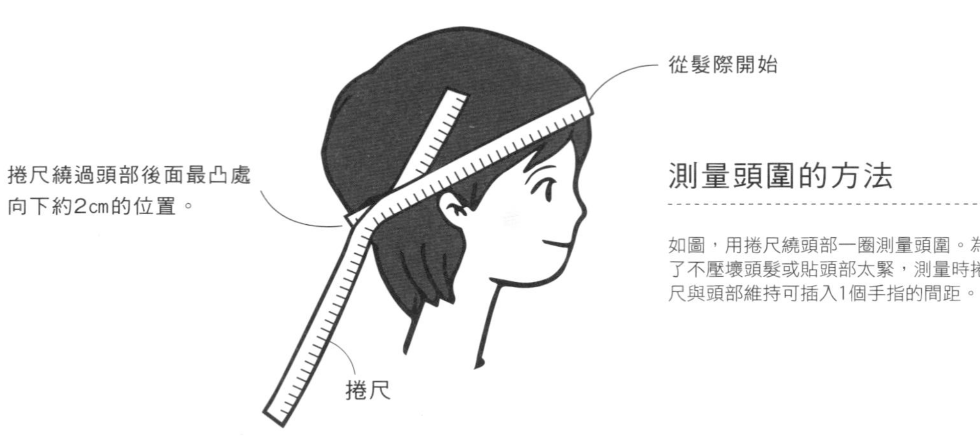
從髮際開始
捲尺繞過頭部後面最凸處
向下約2cm的位置。
捲尺

測量頭圍的方法

如圖，用捲尺繞頭部一圈測量頭圍。為了不壓壞頭髮或貼頭部太緊，測量時捲尺與頭部維持可插入1個手指的間距。

調整帽圍的方法

在最後要縫合帽身與帽簷時，依照在帽圍記號上車縫、車縫記號外側或是車縫記號內側，會讓完成尺寸產生差異。只不過，布料的厚度與延展方式不一，在組裝帽身與帽簷前請確認帽圍尺寸與紙型的落差，進行調整。

以使用丹寧布，M尺寸（帽圍58cm）為例做說明

車縫記號內側

完成尺寸約57.6cm

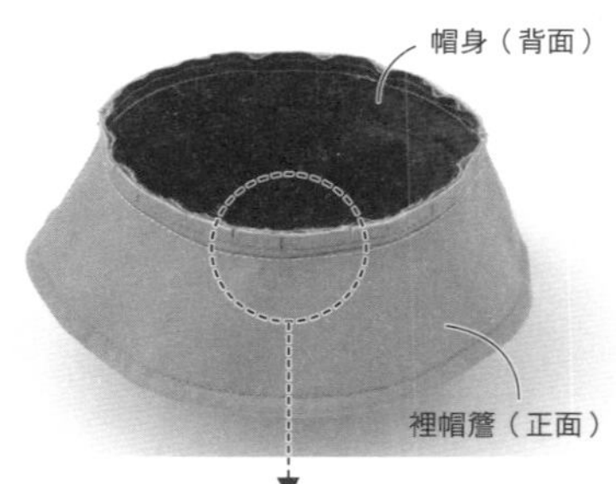
帽身（背面）
裡帽簷（正面）
暫時車縫固定
針趾
完成線

車縫記號線向內1根縫線寬的位置，完成尺寸約57.6cm。如果頭圍58cm戴起來會鬆鬆的，就可以稍往內側車縫，但以1根縫線寬為限，不能太靠裡側，否則尺寸會偏離。

在記號上車縫

完成尺寸約58.3cm

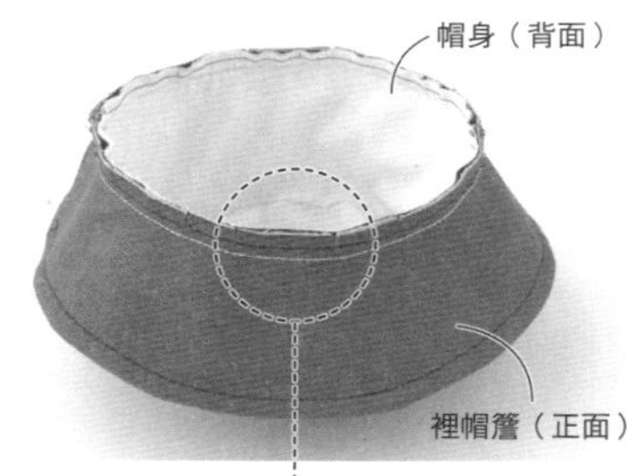
帽身（背面）
裡帽簷（正面）

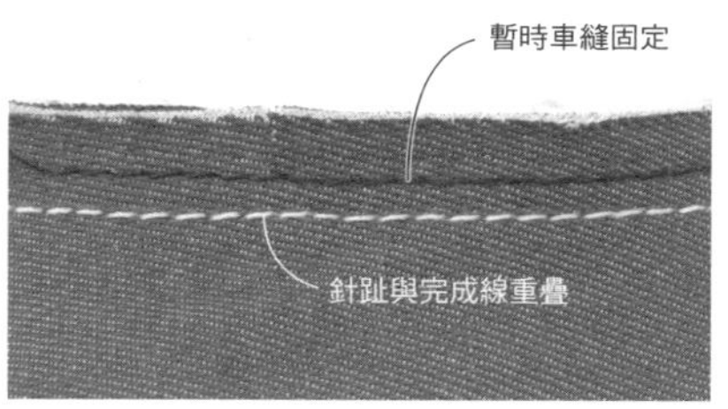
暫時車縫固定
針趾與完成線重疊

可能是布稍微延展，完成尺寸約58.3cm，比帽圍多0.3cm。因為帽簷等位置有的部分變成斜紋布，加上布料也會重疊，使得尺寸稍微變大。

車縫記號外側

完成尺寸約59cm

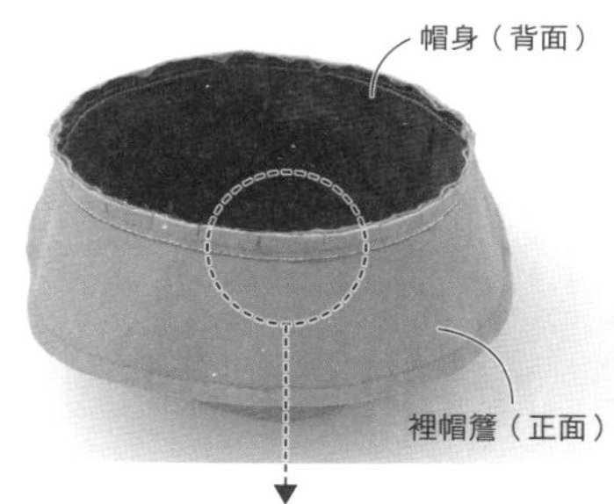
帽身（背面）
裡帽簷（正面）

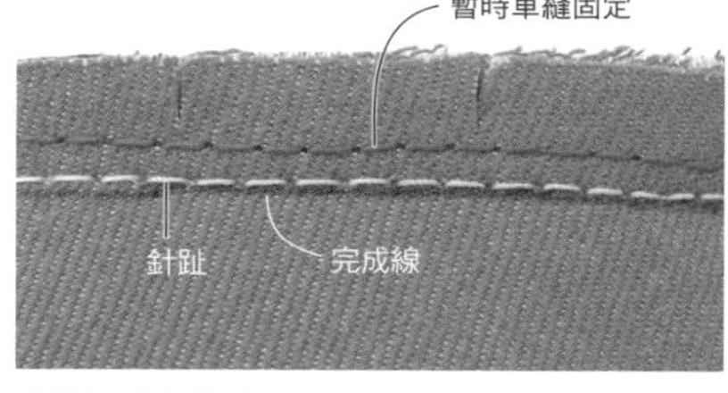
暫時車縫固定
針趾
完成線

車縫記號向外1根縫線寬的縫份處。完成尺寸約59cm。加上布料延展，讓車縫外側比帽圍大了1cm。如果頭圍58cm的戴起來偏緊，可以用這種方式進行調整。

基本的尺寸對照表

※基本尺寸是指帽子完成後的帽圍尺寸。

尺寸	兒童	S	M	L
頭圍	54cm	56cm	58cm	60cm

※依布料或黏著襯的厚度、裁剪方式及縫製過程等影響，尺寸可能會有少許差異。

作法內的記號

完成線

作品的最終完成線條。

車縫線、壓線

縫合或是進行壓線的位置。

疏縫線

為防止移位，在正式車縫前先將布對齊暫時車縫固定。車縫縫份部分。

合印記號

在對齊布時的輔助記號，用於防止移位。

直布紋

與左右布邊同方向的是直布紋。布料的布紋要與紙型的布紋一致。

斜紋

與布的縱向或橫向呈45° 角裁布。斜裁布容易延展。

釦子位置

縫上釦子、四合釦或開釦眼的位置。

貼襯範圍

燙貼黏著襯的位置。

注意事項

＊除特別標示之外，數字單位皆為cm。

＊材料中的尺寸為寬×高（長）。

＊原寸紙型不含縫份，請依標示加上縫份裁布。

＊黏著襯的材料以W1至W5、抗UV白・黑等表示，請參考P.28確認種類。

＊黏著襯燙貼方式（不含縫份及連布邊整片燙貼等）請參考P.30。

＊本書作品一律使用SchappeSpun車縫線縫製，表布為30號，裡布60號。壓線是使用30號，色號請參考各頁面。

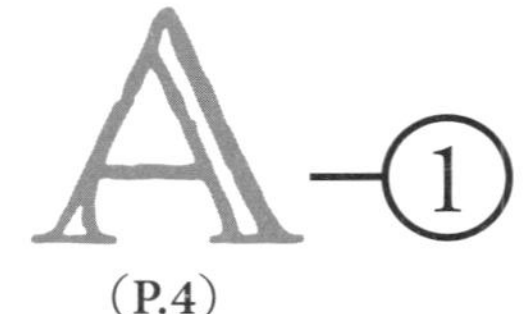

（P.4）

漁夫帽

縫法 Lesson 參照1·2·7

山系女子風

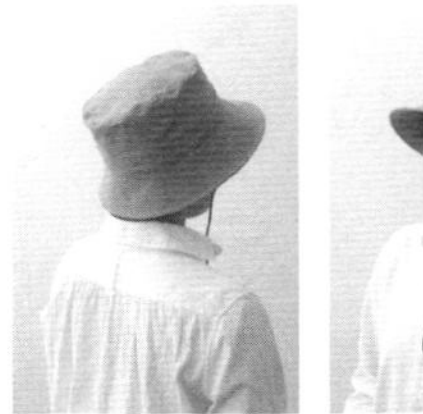

原寸紙型 A 面

材料

表布90×60cm
裡布50×30cm
黏著襯（W3）90×40cm
寬3cm止汗帶65cm
直徑0.3cm蠟繩75cm
問號鉤（掛鉤內徑7mm）2個

＊壓線使用30號275。
＊在表布背面燙貼粗裁的黏著襯（W3），再裁剪表・裡帽簷的前片與後片。

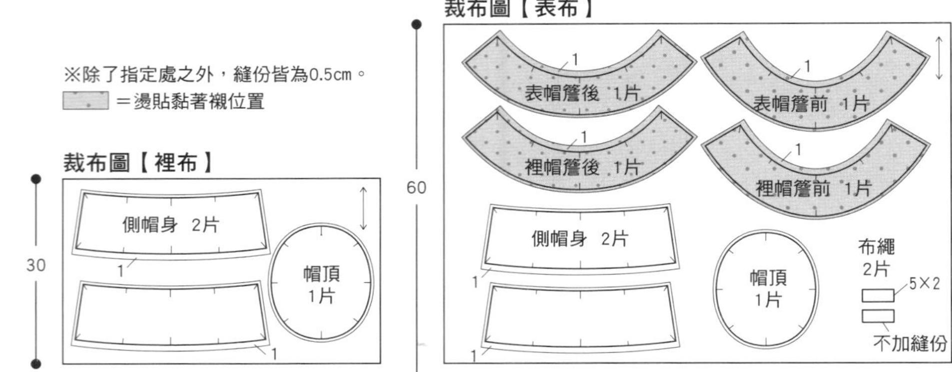

※除了指定處之外，縫份皆為0.5cm。
＝燙貼黏著襯位置
裁布圖【裡布】
側帽身 2片
帽頂 1片
30
50
裁布圖【表布】
表帽簷後 1片
表帽簷前 1片
裡帽簷後 1片
裡帽簷前 1片
側帽身 2片
帽頂 1片
布繩 2片
5×2
不加縫份
60
90

1 製作帽簷

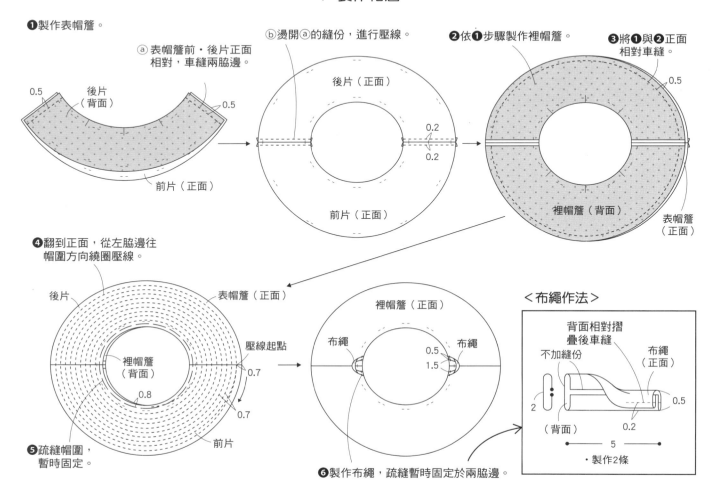

❶製作表帽簷。
ⓐ表帽簷前・後片正面相對，車縫兩脇邊。
後片（背面）
前片（正面）
0.5
ⓑ燙開ⓐ的縫份，進行壓線。
後片（正面）
前片（正面）
0.2
❷依❶步驟製作裡帽簷。
❸將❶與❷正面相對車縫。 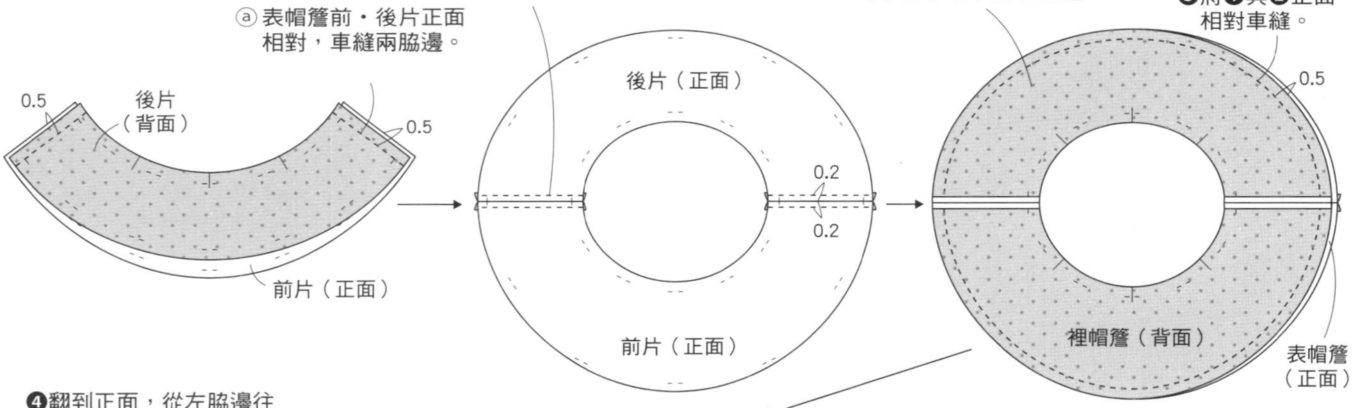
裡帽簷（背面）
表帽簷（正面）
❹翻到正面，從左脇邊往帽圍方向繞圈壓線。 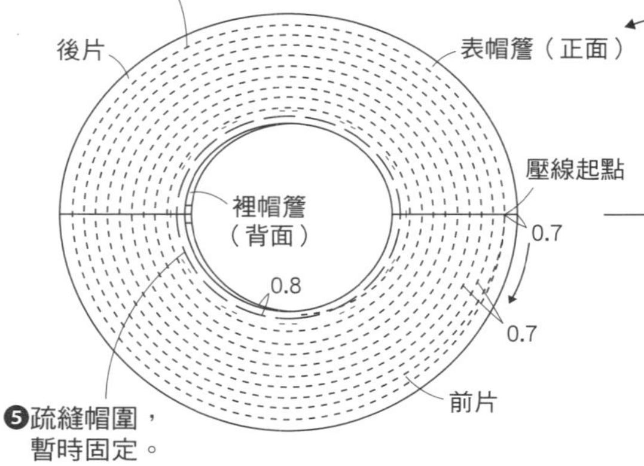
後片
表帽簷（正面）
壓線起點
裡帽簷（背面）
0.7
0.8
前片
❺疏縫帽圍，暫時固定。 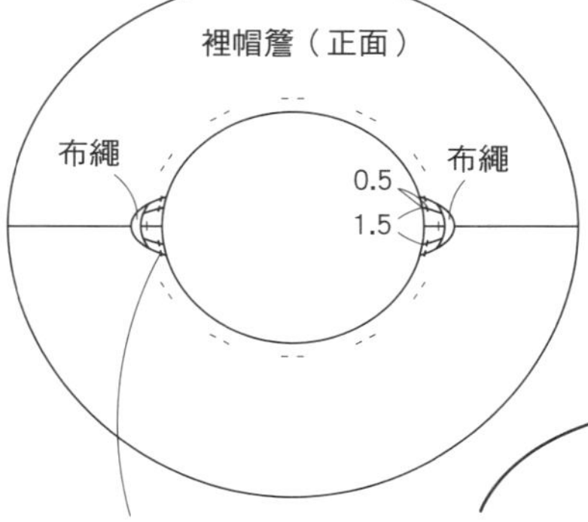
裡帽簷（正面）
布繩
0.5
1.5
❻製作布繩，疏縫暫時固定於兩脇邊。
<布繩作法>
背面相對摺疊後車縫
不加縫份
布繩（正面）
（背面）
2
0.5
0.2
5
・製作2條

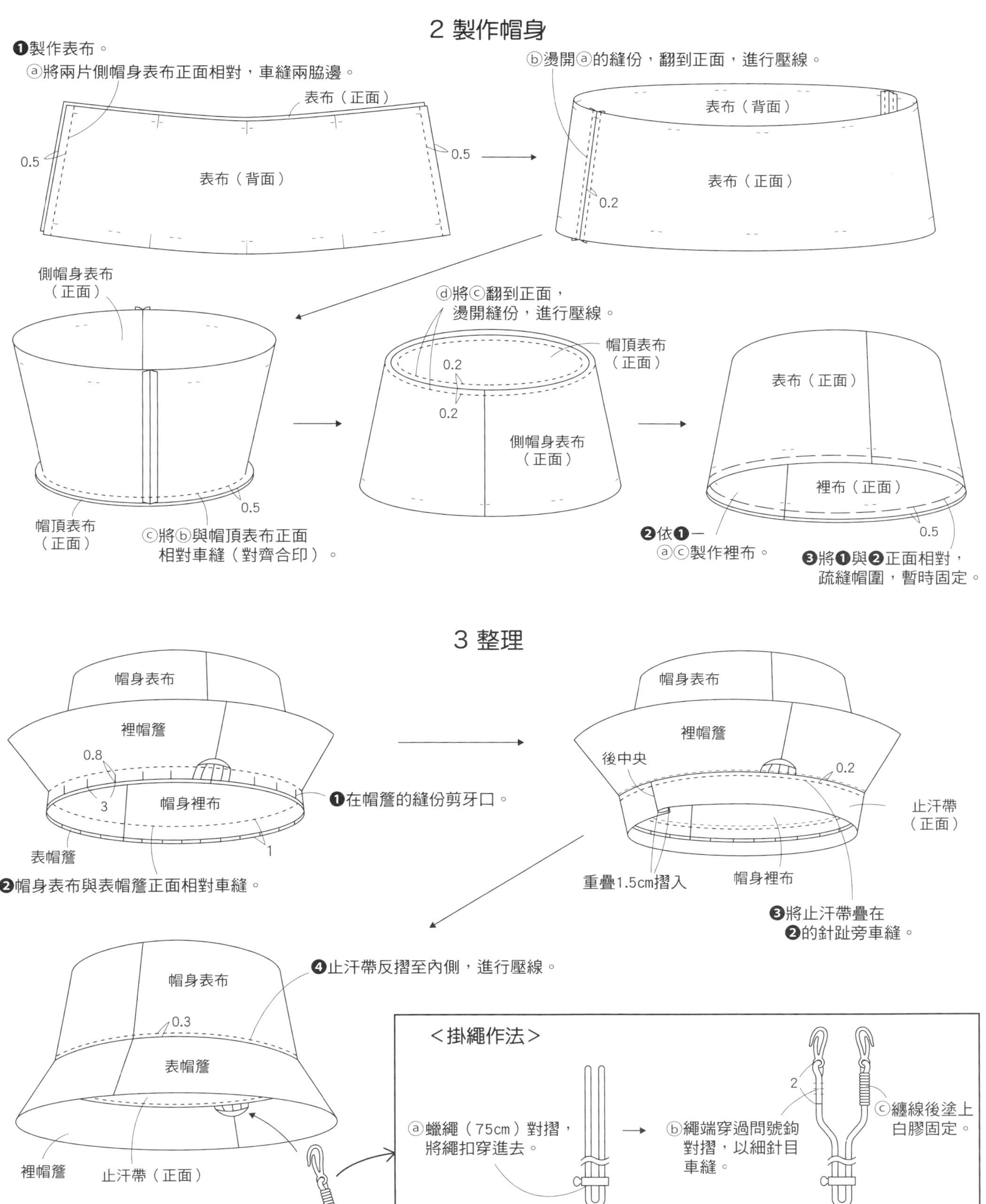
2 製作帽身
❶製作表布。
ⓐ將兩片側帽身表布正面相對，車縫兩脇邊。
表布（正面）
0.5
表布（背面）
0.5
ⓑ燙開ⓐ的縫份，翻到正面，進行壓線。
表布（背面）
表布（正面）
0.2
側帽身表布
（正面）
ⓓ將ⓒ翻到正面，
燙開縫份，進行壓線。
帽頂表布
（正面）
0.2
0.2
側帽身表布
（正面）
表布（正面）
裡布（正面）
0.5
帽頂表布
（正面）
ⓒ將ⓑ與帽頂表布正面
相對車縫（對齊合印）。
❷依❶—
ⓐⓒ製作裡布。
0.5
❸將❶與❷正面相對，
疏縫帽圍，暫時固定。
3 整理
帽身表布
裡帽簷
0.8
3
帽身裡布
❶在帽簷的縫份剪牙口。
表帽簷
1
❷帽身表布與表帽簷正面相對車縫。
帽身表布
裡帽簷
後中央
0.2
止汗帶
（正面）
重疊1.5cm摺入
帽身裡布
❸將止汗帶疊在
❷的針趾旁車縫。
❹止汗帶反摺至內側，進行壓線。
帽身表布
0.3
表帽簷
裡帽簷
止汗帶（正面）
❺製作掛繩，扣接在布繩上當防風繩。
<掛繩作法>
ⓐ蠟繩（75cm）對摺，
將繩扣穿進去。
ⓑ繩端穿過問號鉤
對摺，以細針目
車縫。
2
ⓒ纏線後塗上
白膠固定。

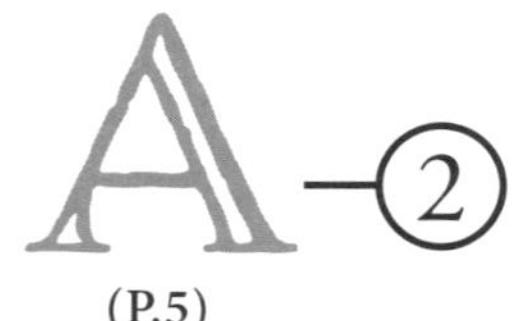
A-②

漁夫帽

縫法 Lesson 參照1・2・6・7

正式風格

(P.5)

原寸紙型 A 面

材料

表布a 90×60cm
表布b 70×15cm
裡布50×30cm
黏著襯（W3）90×60cm
寬1.2cm 四摺免燙斜布條100cm
寬3cm 止汗帶65cm
長2cm 安全別針1個

＊壓線使用30號生成色與黑色。
＊在表布背面燙貼粗裁的黏著襯（W3），裁剪帽頂、側帽身、表・裡帽簷的前片與後片。

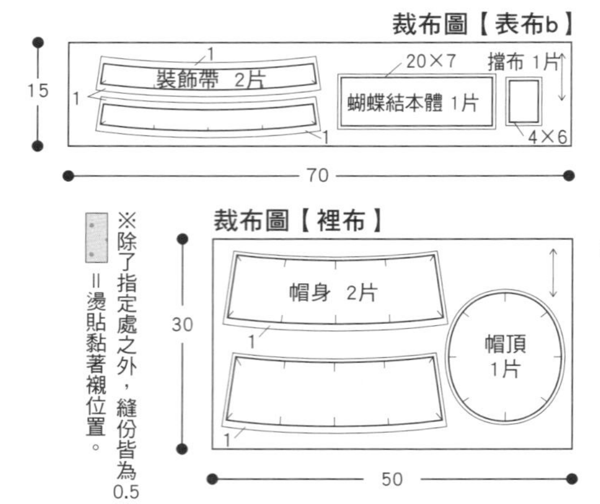
裁布圖【表布b】
裝飾帶 2片
20×7
擋布 1片
蝴蝶結本體 1片
4×6
15
70
1
＝燙貼黏著襯位置
※除了指定處之外，縫份皆為0.5cm。
裁布圖【裡布】
帽身 2片
帽頂 1片
30
50

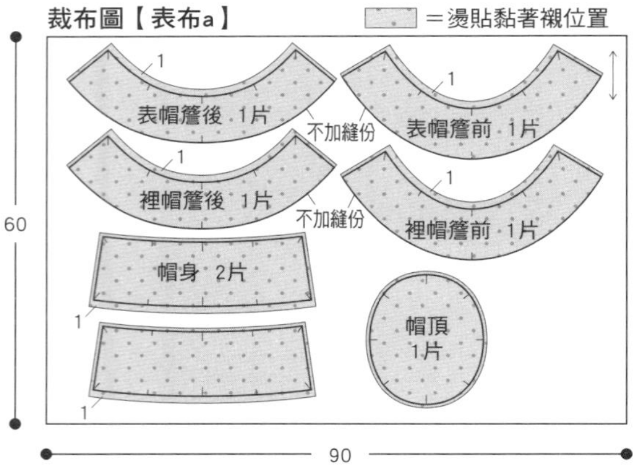
裁布圖【表布a】
＝燙貼黏著襯位置
表帽簷後 1片
表帽簷前 1片
裡帽簷後 1片
裡帽簷前 1片
不加縫份
帽身 2片
帽頂 1片
60
90
1

1 製作各部位

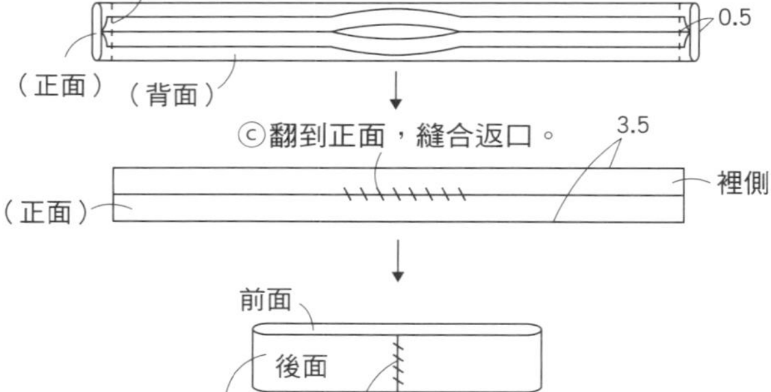
＜別針＞
❶製作本體。
ⓐ正面相向對摺，預留返口，車縫長邊。
0.5
返口5
7
後中央
後中央
（背面）
0.5
20
ⓑ燙開ⓐ的縫份，將縫份置中，車縫後中央。
0.5
（正面）
（背面）
ⓒ翻到正面，縫合返口。
3.5
（正面）
裡側
前面
後面
（正面）
ⓓ以藏針縫接合後中央。
❷依本體❶的ⓐ至ⓒ製作擋布。
（背面）
返口4
0.5
4
0.5
6
（正面）
2
裡側
後面
擋布
2
本體
3
後面
擋布
本體
❸用擋布捲住本體中央，後中央以藏針縫接合。
❹縫上安全別針

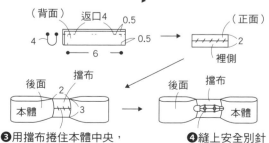

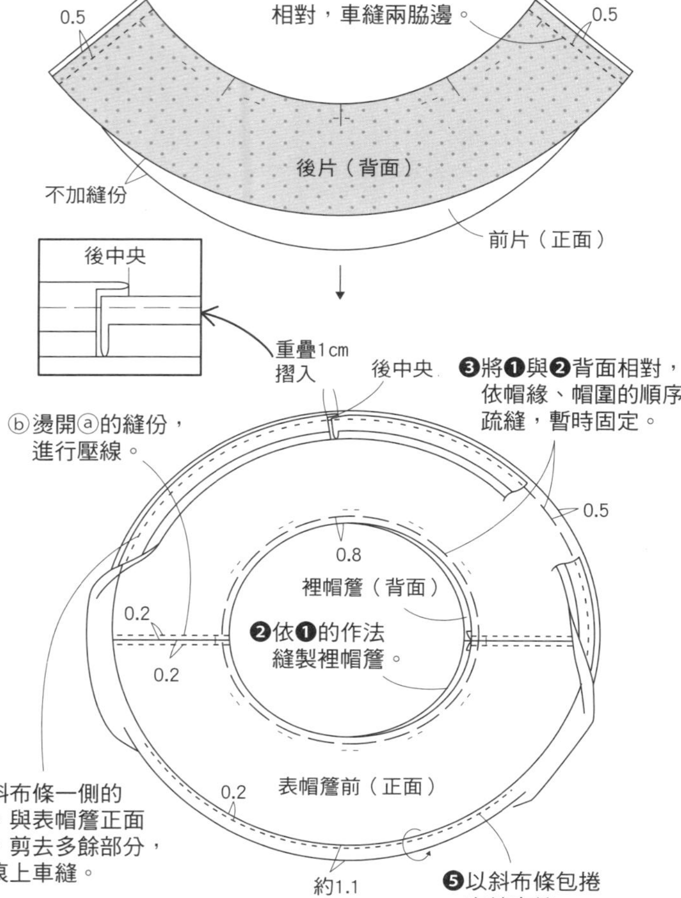
＜帽簷＞
❶製作表帽簷。
ⓐ表帽簷前・後片正面相對，車縫兩脇邊。
0.5
0.5
後片（背面）
不加縫份
前片（正面）
後中央
重疊1cm摺入
後中央
❸將❶與❷背面相對，依帽緣、帽圍的順序疏縫，暫時固定。
ⓑ燙開ⓐ的縫份，進行壓線。
0.5
0.8
裡帽簷（背面）
0.2
❷依❶的作法縫製裡帽簷。
0.2
❹展開斜布條一側的摺份，與表帽簷正面相對，剪去多餘部分，在摺痕上車縫。
0.2
表帽簷前（正面）
約1.1
❺以斜布條包捲布端車縫。

2 製作帽身

❶製作表布。

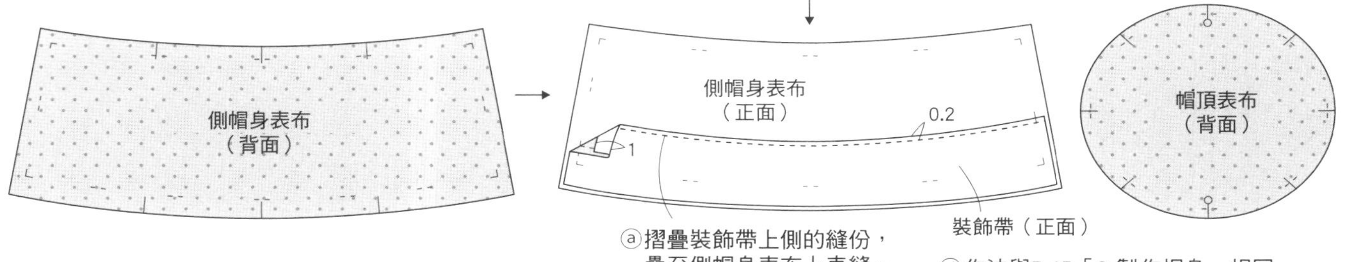

側帽身表布
（背面）
側帽身表布
（正面）
0.2
1
帽頂表布
（背面）
裝飾帶（正面）
ⓐ摺疊裝飾帶上側的縫份，
疊至側帽身表布上車縫。
・製作2片
ⓓ作法與P.45「2 製作帽身」相同
（但側帽身脇邊不壓線）。

3 整理

❶作法與P.45「3 整理」相同（但無掛繩）。

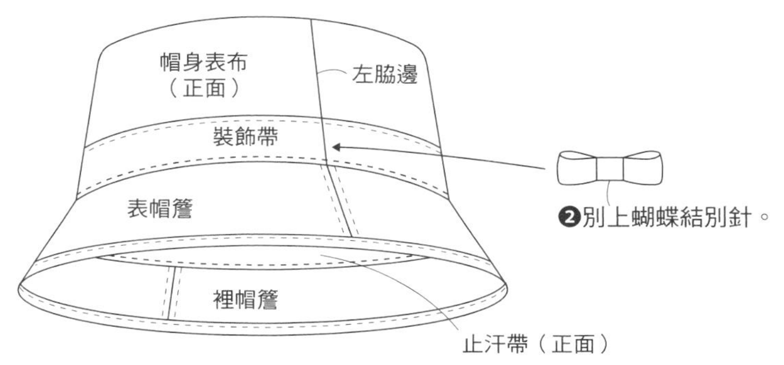

帽身表布
（正面）
左脇邊
裝飾帶
表帽簷
裡帽簷
止汗帶（正面）

❷別上蝴蝶結別針。

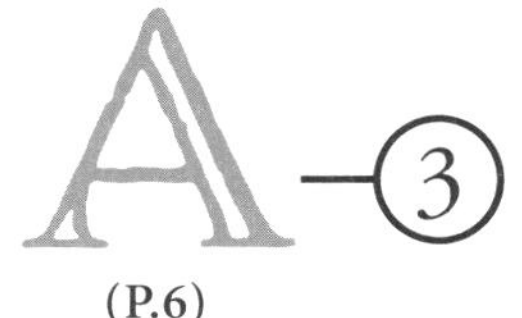

A
3

漁夫帽

縫法 Lesson
參照 1・2・7

長帽簷

(P.6)

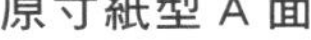
原寸紙型 A 面

材料

表布95×60cm
裡布50×30cm
黏著襯（W3）95×60cm
寬3cm止汗帶65cm

＊壓線使用30號生成色。
＊在表布背面燙貼粗裁的黏著襯（W3），裁剪帽頂、側帽身、表・裡帽簷的前片與後片。

作法參考P.44與P.45，但不製作布繩與當成帽繩的掛繩。

※除了指定處之外，縫份皆為0.5cm。

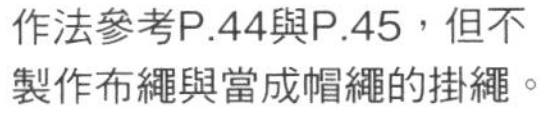
＝燙貼黏著襯位置。

裁布圖【裡布】

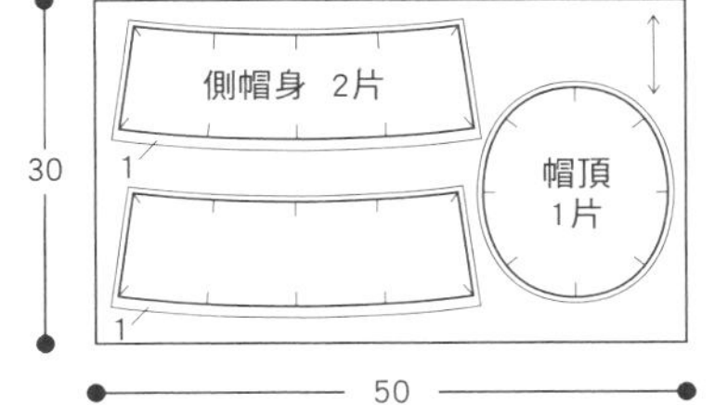

側帽身 2片
帽頂
1片
1
1
30
50

裁布圖【表布】

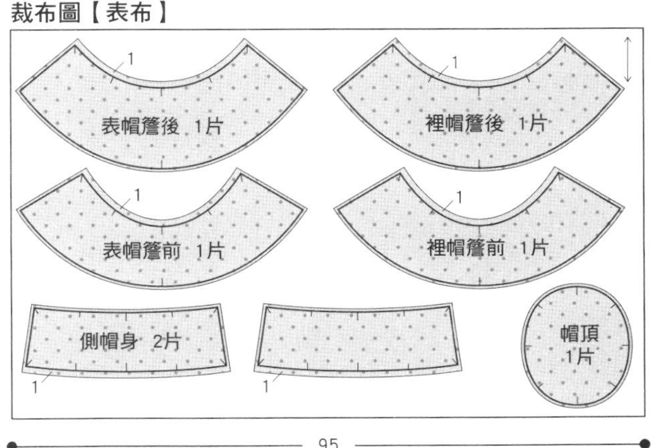

表帽簷後 1片
裡帽簷後 1片
表帽簷前 1片
裡帽簷前 1片
側帽身 2片
帽頂
1片
1
60
95

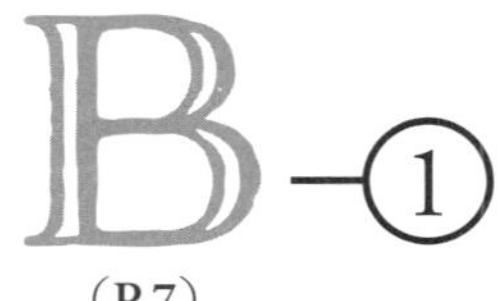

淑女帽

縫法 Lesson 參照 1・2・5・7

特殊日子佩戴

（P.7）

原寸紙型 A 面

材料

表布110×80cm
裡布60×30cm
黏著襯（防UV・白色）90cm 正方
黏著襯（W4）50cm 正方
寬3cm止汗帶65cm
直徑1.3mm 定型線（附空心膠管）130cm

＊壓線使用30號161。
＊在表布背面燙貼粗裁的黏著襯（防UV・白色），裁剪帽頂、側帽身與裡帽簷。
＊裁剪表帽簷，在背面燙貼黏著襯（W4），但帽圍縫份不貼襯。

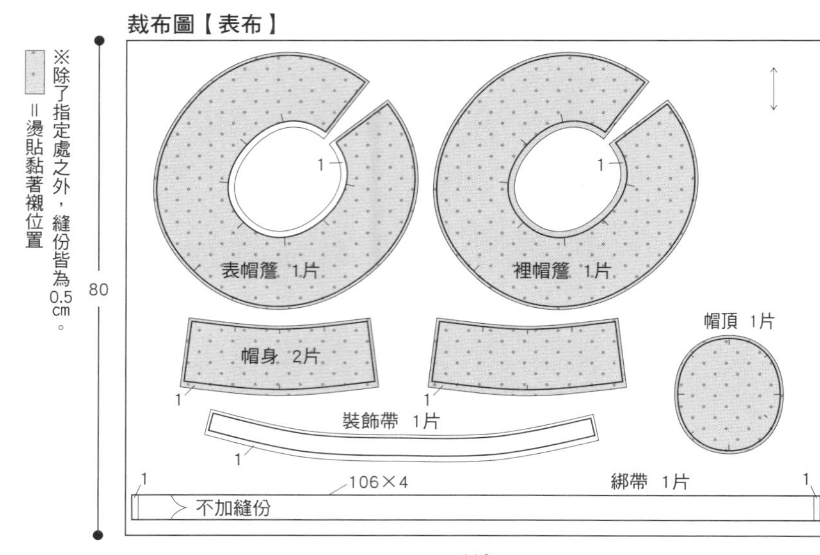

※除了指定處之外，縫份皆為0.5cm。
＝燙貼黏著襯位置
裁布圖【表布】
表帽簷 1片
裡帽簷 1片
帽身 2片
帽頂 1片
裝飾帶 1片
綁帶 1片
106×4
不加縫份
80
110

1 製作各部位

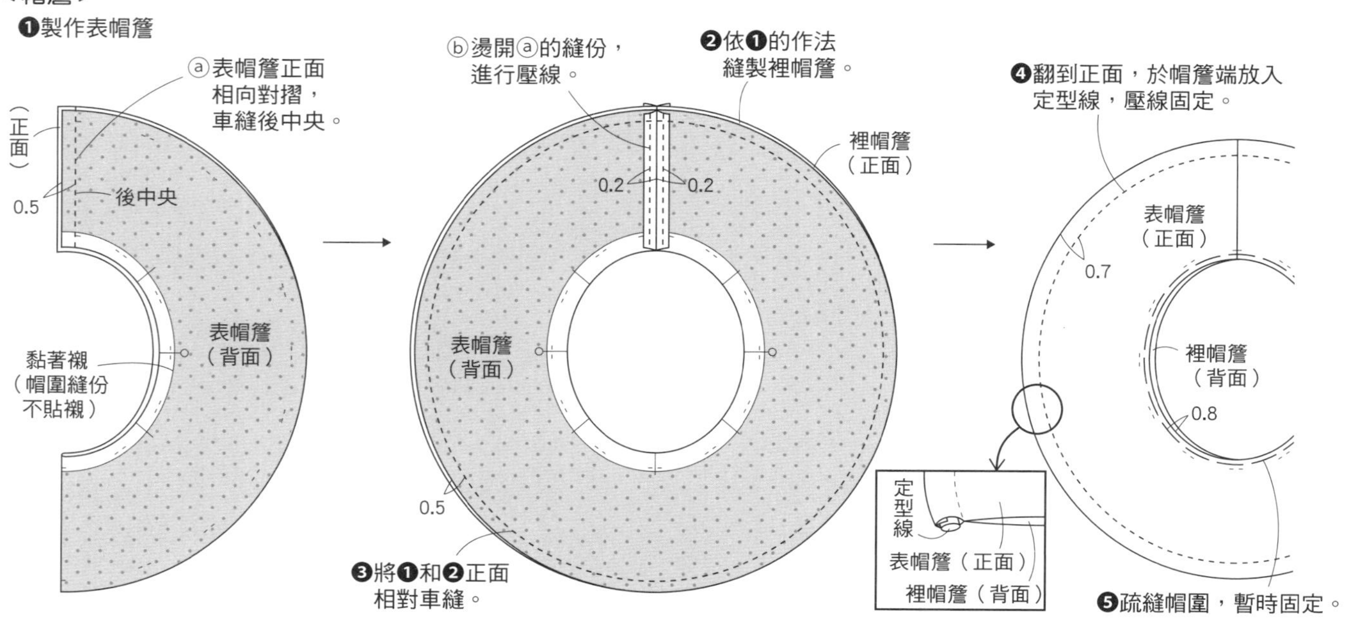

＜綁帶＞
（背面）
不加縫份
❷背面相對摺四褶車縫。
（正面）
4
1
0.2
106
❶摺疊兩端的縫份。
裁布圖【裡布】
側帽身 2片
帽頂 1片
30
60
＜帽簷＞
❶製作表帽簷
ⓐ表帽簷正面相向對摺，車縫後中央。
（正面）
0.5
後中央
黏著襯（帽圍縫份不貼襯）
表帽簷（背面）
ⓑ燙開ⓐ的縫份，進行壓線。
❷依❶的作法縫製裡帽簷。
裡帽簷（正面）
0.2
0.2
表帽簷（背面）
0.5
❸將❶和❷正面相對車縫。
❹翻到正面，於帽簷端放入定型線，壓線固定。
表帽簷（正面）
0.7
裡帽簷（背面）
0.8
定型線
表帽簷（正面）
裡帽簷（背面）
❺疏縫帽圍，暫時固定。

2 製作帽身

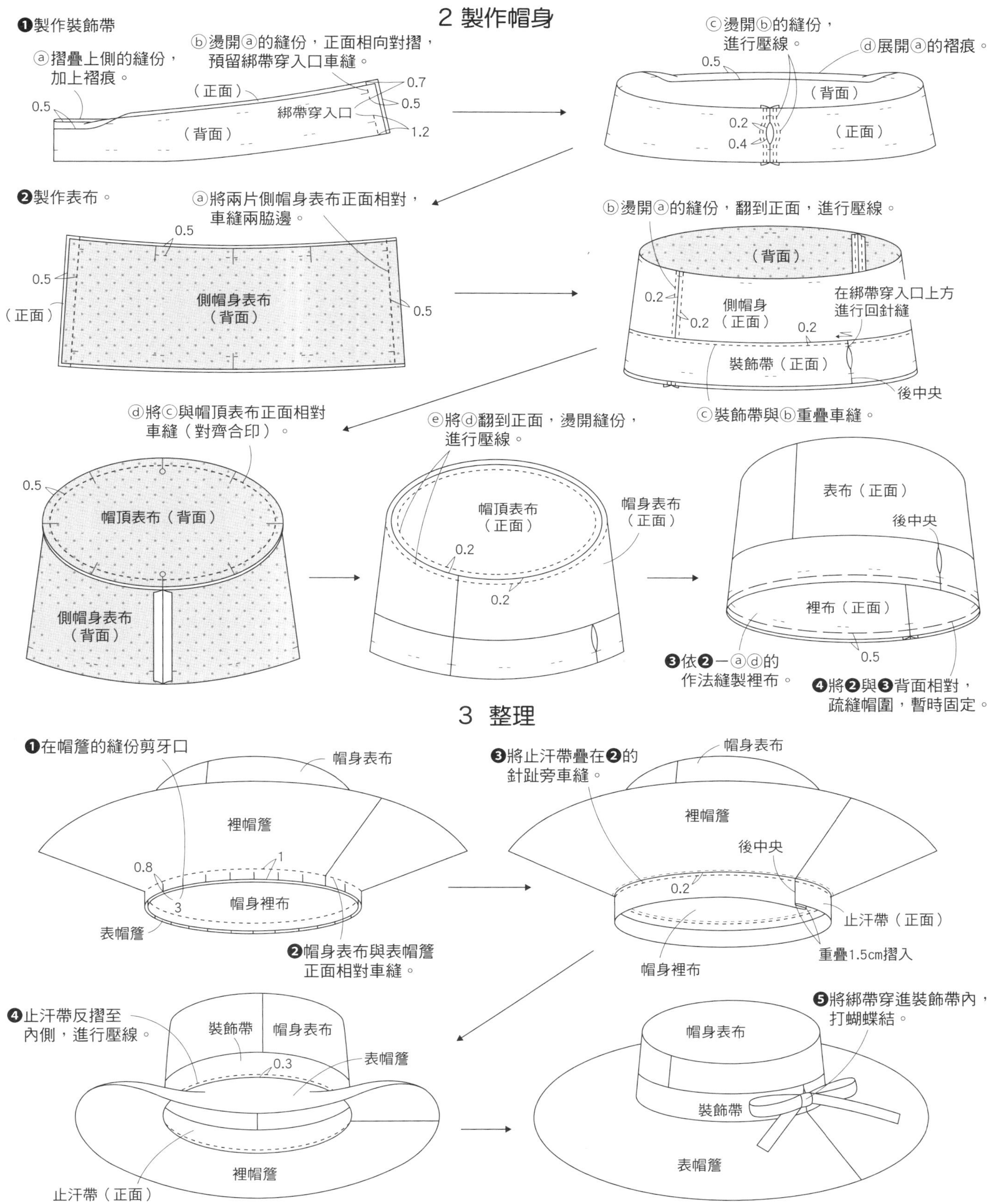

❶製作裝飾帶
ⓐ摺疊上側的縫份，加上褶痕。
ⓑ燙開ⓐ的縫份，正面相向對摺，預留綁帶穿入口車縫。
0.5
（正面）
綁帶穿入口
0.7
0.5
1.2
（背面）
ⓒ燙開ⓑ的縫份，進行壓線。
ⓓ展開ⓐ的褶痕。
0.5
（背面）
0.2
0.4
（正面）
❷製作表布。
ⓐ將兩片側帽身表布正面相對，車縫兩脇邊。
0.5
0.5
（正面）
側帽身表布
（背面）
0.5
ⓑ燙開ⓐ的縫份，翻到正面，進行壓線。
（背面）
0.2
側帽身
0.2（正面）
在綁帶穿入口上方
進行回針縫
0.2
裝飾帶（正面）
後中央
ⓒ裝飾帶與ⓑ重疊車縫。
ⓓ將ⓒ與帽頂表布正面相對車縫（對齊合印）。
ⓔ將ⓓ翻到正面，燙開縫份，進行壓線。
0.5
帽頂表布（背面）
側帽身表布
（背面）
帽頂表布
（正面）
帽身表布
（正面）
0.2
0.2
表布（正面）
後中央
裡布（正面）
0.5
❸依❷－ⓐⓓ的作法縫製裡布。
❹將❷與❸背面相對，疏縫帽圍，暫時固定。
3 整理
❶在帽簷的縫份剪牙口
帽身表布
裡帽簷
1
0.8
3
帽身裡布
表帽簷
❷帽身表布與表帽簷正面相對車縫。
❸將止汗帶疊在❷的針趾旁車縫。
帽身表布
裡帽簷
後中央
0.2
止汗帶（正面）
重疊1.5cm摺入
帽身裡布
❹止汗帶反摺至內側，進行壓線。
裝飾帶
帽身表布
0.3
表帽簷
裡帽簷
止汗帶（正面）
❺將綁帶穿進裝飾帶內，打蝴蝶結。
帽身表布
裝飾帶
表帽簷

B-② (P.8) 淑女帽 2way 造型

縫法 Lesson 參照 1·2·7

原寸紙型 A 面

材料

表布110×80cm
裡布60×30cm
黏著襯（W3）60×30cm
黏著襯（W4）90×50cm
寬3cm 止汗帶65cm
直徑1cm 塑膠四合釦 2組
問號鉤（掛鉤內徑7mm）2個

＊壓線使用30號生成色。
＊裁剪各部位，在帽頂、側帽身表布的背面燙貼不含縫份黏著襯（W3），在表．裡帽簷的背面燙貼不含縫份黏著襯（W4）。

※除了指定處之外，縫份皆為0.5cm。
＝燙貼黏著襯位置。

裁布圖【表布】

表帽簷 1片 裡帽簷 1片 布繩 2片 5×2 不加縫份 飾布 2片 2.5×2.8 側帽身 2片 帽頂 1片 裝飾帶 2片 帽繩 2片 3.5 不加縫份 48 80 110

裁布圖【裡布】

側帽身 2片 帽頂 1片 30 60

1 製作各部位

<帽繩>

❶摺疊兩端縫份。
❷背面相對摺疊車縫。
（背面）（正面）3.5 約1.8 1 不加縫份 48 0.2 約0.9

❸一端穿過問號鉤車縫。
問號鉤 2 1（正面）・製作2條

<帽簷>

❶作法與P.48「1製作各部位」的<帽簷>❶至❸相同。

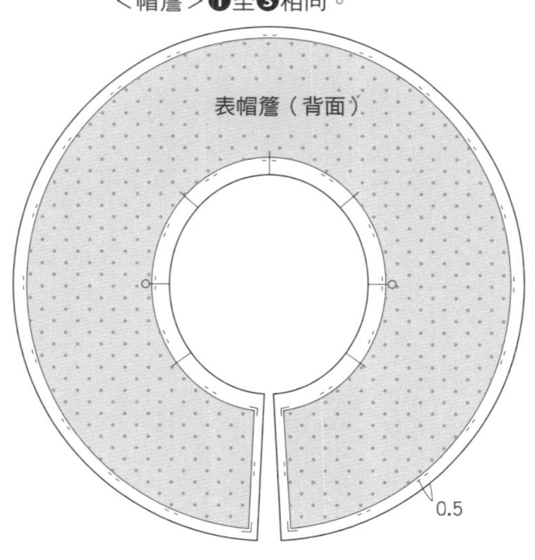

表帽簷（背面）
0.5

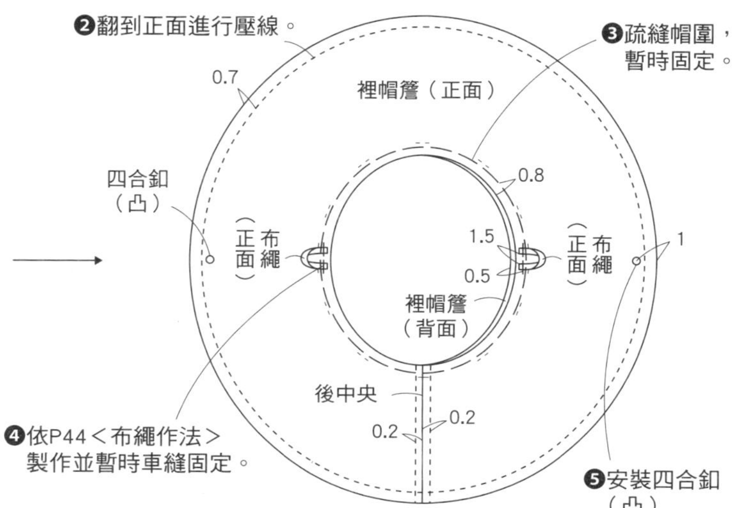

❷翻到正面進行壓線。
❸疏縫帽圍，暫時固定。
0.7
裡帽簷（正面）
0.8
四合釦（凸）
布繩（正面）
1.5
0.5
1
裡帽簷（背面）
後中央
0.2
0.2
❹依P44<布繩作法>製作並暫時車縫固定。
❺安裝四合釦（凸）

2 製作帽身

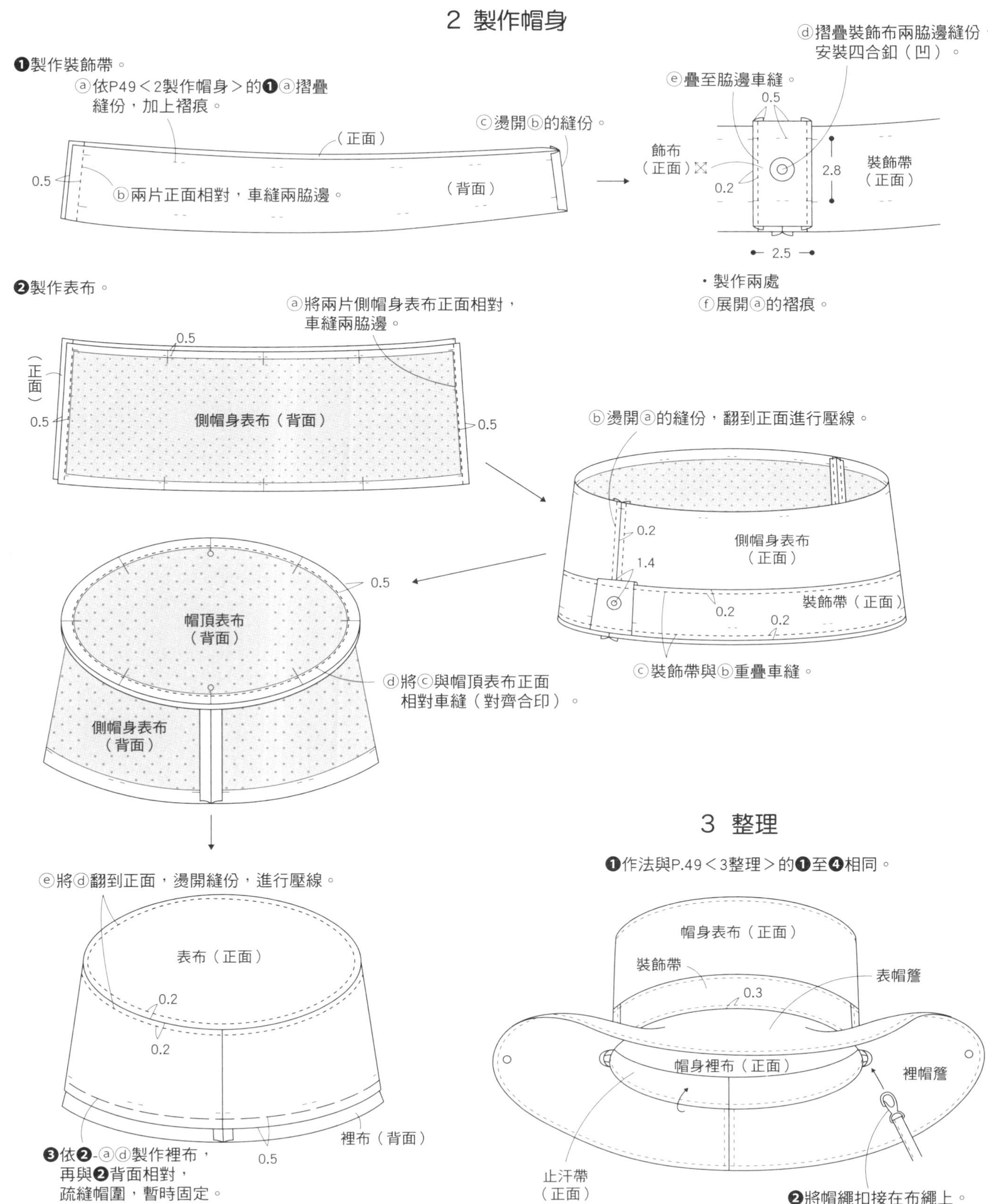

❶製作裝飾帶。
ⓐ依P49<2製作帽身>的❶ⓐ摺疊
縫份，加上褶痕。
（正面）
ⓒ燙開ⓑ的縫份。
0.5
ⓑ兩片正面相對，車縫兩脇邊。
（背面）
ⓓ摺疊裝飾布兩脇邊縫份，
安裝四合釦（凹）。
ⓔ疊至脇邊車縫。
0.5
飾布
（正面）
0.2
2.8
裝飾帶
（正面）
2.5
・製作兩處
ⓕ展開ⓐ的褶痕。
❷製作表布。
ⓐ將兩片側帽身表布正面相對，
車縫兩脇邊。
0.5
（正面）
0.5
側帽身表布（背面）
0.5
ⓑ燙開ⓐ的縫份，翻到正面進行壓線。
0.2
側帽身表布
（正面）
1.4
裝飾帶（正面）
0.2
0.2
ⓒ裝飾帶與ⓑ重疊車縫。
0.5
帽頂表布
（背面）
ⓓ將ⓒ與帽頂表布正面
相對車縫（對齊合印）。
側帽身表布
（背面）
ⓔ將ⓓ翻到正面，燙開縫份，進行壓線。
表布（正面）
0.2
0.2
裡布（背面）
0.5
❸依❷-ⓐⓓ製作裡布，
再與❷背面相對，
疏縫帽圍，暫時固定。

3 整理

❶作法與P.49<3整理>的❶至❹相同。
帽身表布（正面）
裝飾帶
表帽簷
0.3
帽身裡布（正面）
裡帽簷
止汗帶
（正面）
❷將帽繩扣接在布繩上。

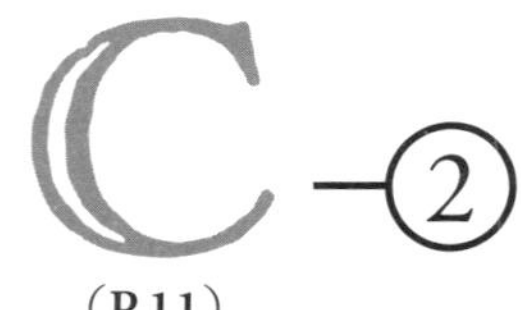
C-②
(P.11)

船夫帽

縫法 Lesson
參照 1·2·6·7

自然氛圍

原寸紙型 A 面

材料

表布80×65cm
裡布55×30cm
黏著襯（W4）55×30cm
黏著襯（W5）80×40cm
寬3cm 止汗帶65cm
寬1.5cm 羅紋織帶140cm
寬1.2cm 四摺免燙斜布條120cm
直徑0.2cm 定型線（附空心膠管）120cm

＊壓線使用30號淺褐色與黑色。
＊裁剪各部位，在帽頂與側帽身表布的背面燙貼不含縫份黏著襯（W4），在表．裡帽簷的背面燙貼不含縫份黏著襯（W5），但帽圍的縫份不貼襯。

※除了指定處之外，縫份皆為0.5cm。
＝燙貼黏著襯位置。

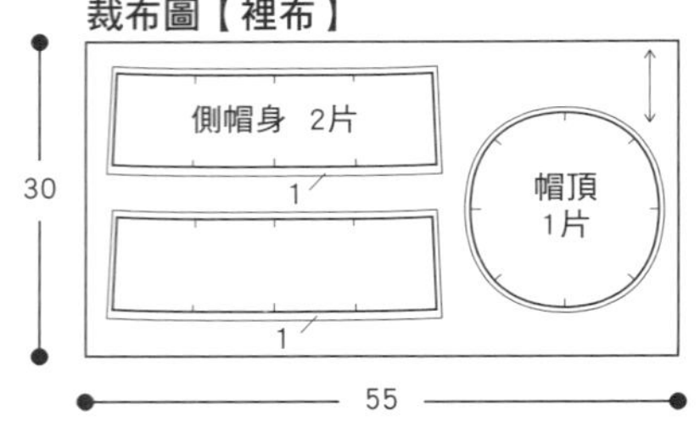
裁布圖【裡布】
側帽身 2片
帽頂 1片
1
1
30
55

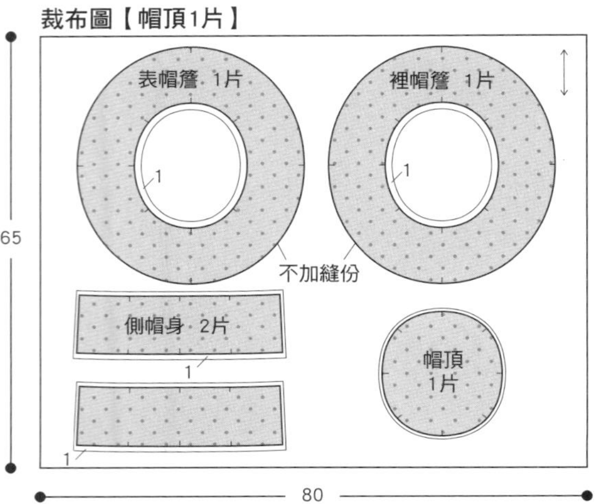
裁布圖【帽頂1片】
表帽簷 1片
裡帽簷 1片
1
1
不加縫份
側帽身 2片
帽頂 1片
1
1
65
80

1 製作帽簷

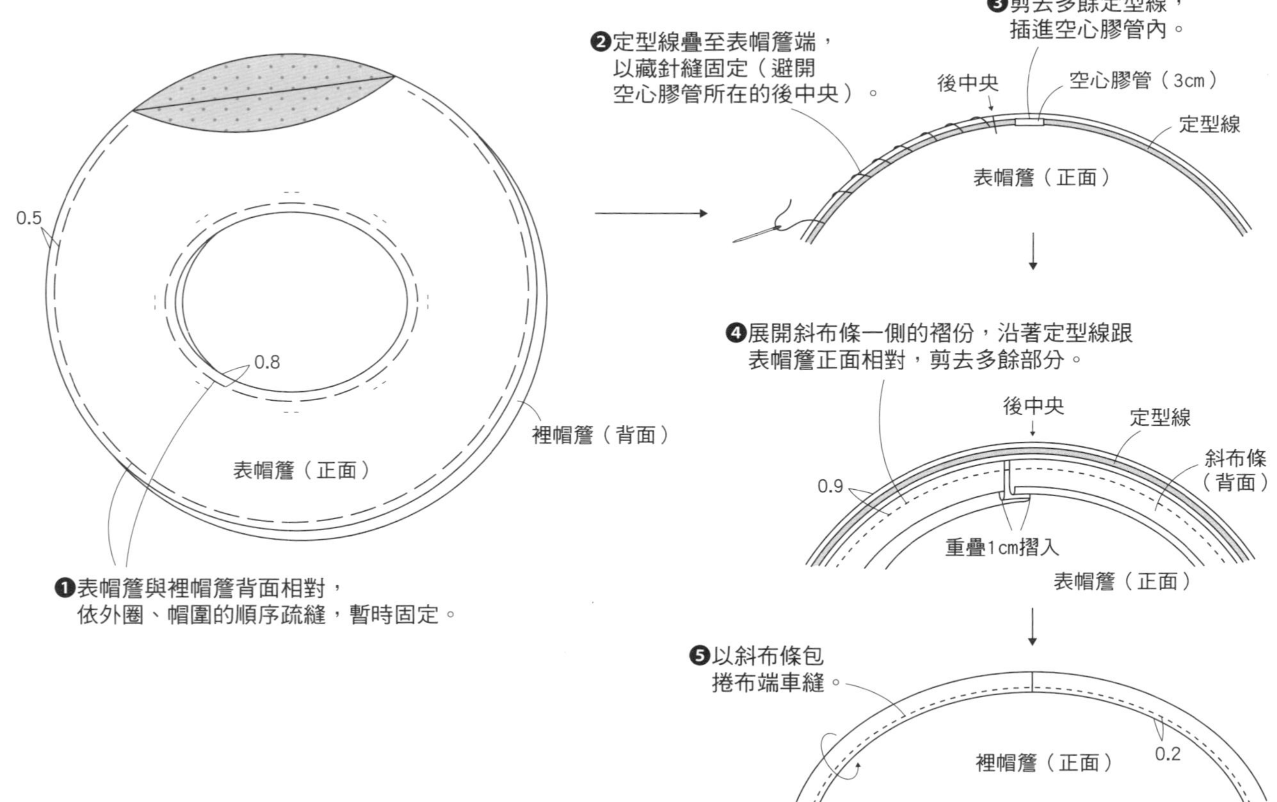
0.5
0.8
裡帽簷（背面）
表帽簷（正面）
❶表帽簷與裡帽簷背面相對，依外圈、帽圍的順序疏縫，暫時固定。
❷定型線疊至表帽簷端，以藏針縫固定（避開空心膠管所在的後中央）。
❸剪去多餘定型線，插進空心膠管內。
後中央
空心膠管（3cm）
定型線
表帽簷（正面）
❹展開斜布條一側的褶份，沿著定型線跟表帽簷正面相對，剪去多餘部分。
後中央
定型線
斜布條（背面）
0.9
重疊1cm摺入
表帽簷（正面）
❺以斜布條包捲布端車縫。
裡帽簷（正面）
0.2

2 製作帽身

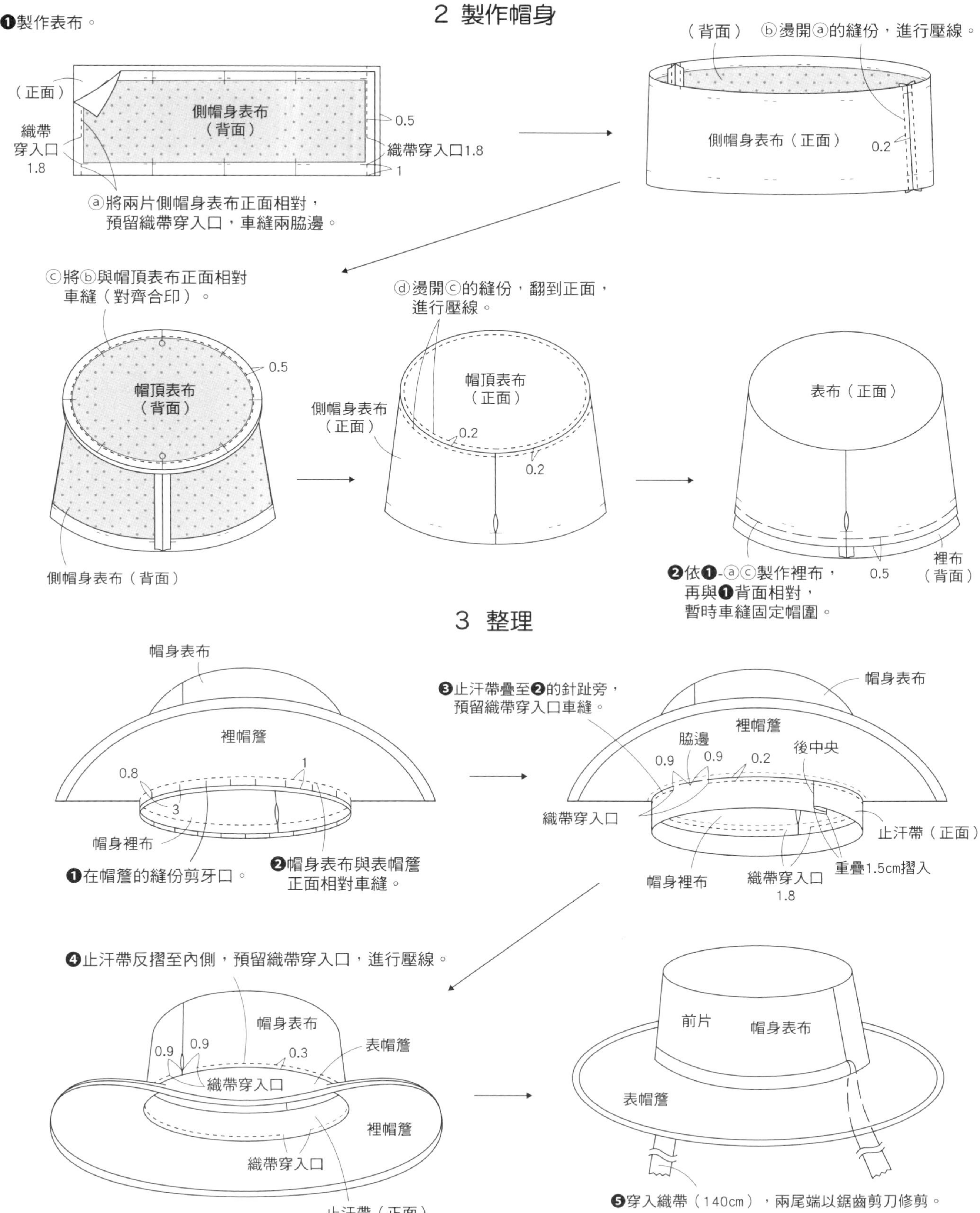

❶製作表布。
（正面）
側帽身表布
（背面）
0.5
織帶
穿入口
1.8
織帶穿入口1.8
1
ⓐ將兩片側帽身表布正面相對，
預留織帶穿入口，車縫兩脇邊。
（背面）
ⓑ燙開ⓐ的縫份，進行壓線。
側帽身表布（正面）
0.2
ⓒ將ⓑ與帽頂表布正面相對
車縫（對齊合印）。
0.5
帽頂表布
（背面）
側帽身表布（背面）
ⓓ燙開ⓒ的縫份，翻到正面，
進行壓線。
帽頂表布
（正面）
側帽身表布
（正面）
0.2
0.2
表布（正面）
裡布
（背面）
0.5
❷依❶-ⓐⓒ製作裡布，
再與❶背面相對，
暫時車縫固定帽圍。

3 整理

帽身表布
裡帽簷
0.8
1
3
帽身裡布
❶在帽簷的縫份剪牙口。
❷帽身表布與表帽簷
正面相對車縫。
❸止汗帶疊至❷的針趾旁，
預留織帶穿入口車縫。
帽身表布
裡帽簷
脇邊
0.9
0.9
0.2
後中央
織帶穿入口
止汗帶（正面）
重疊1.5cm摺入
帽身裡布
織帶穿入口
1.8
❹止汗帶反摺至內側，預留織帶穿入口，進行壓線。
帽身表布
0.9
0.9
0.3
表帽簷
織帶穿入口
裡帽簷
織帶穿入口
止汗帶（正面）
前片
帽身表布
表帽簷
❺穿入織帶（140cm），兩尾端以鋸齒剪刀修剪。

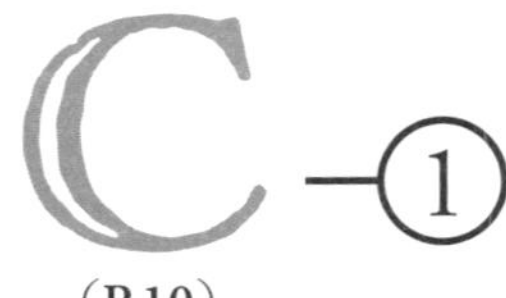
C
①
(P.10)

船夫帽

縫法 Lesson
參照 1·2·5·7

男性化風格

原寸紙型 A 面

材料

表布80×65cm
裡布55×30cm
黏著襯（W3）55×30cm
黏著襯（W5）80×40cm
寬3cm 止汗帶65cm
寬2.5cm 羅紋織帶70cm
直徑0.2cm 定型線（附空心膠管接頭）120cm

＊壓線使用30號99。
＊裁剪各部位，在帽頂、側帽身表布的背面燙貼不含縫份黏著襯（W3），在表．裡帽簷的背面燙貼不含縫份黏著襯（W5）。

※除了指定處之外，縫份皆為0.5cm。
＝燙貼黏著襯位置。

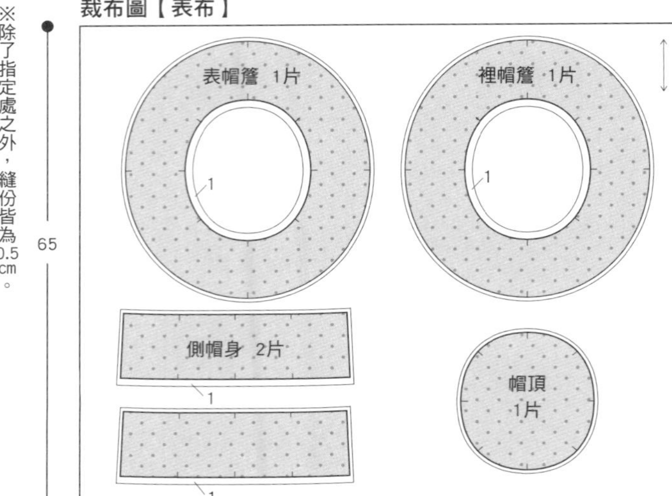
裁布圖【表布】
表帽簷 1片
裡帽簷 1片
1
1
側帽身 2片
1
1
帽頂
1片
65
80
裁布圖【裡布】
側帽身 2片
1
1
帽頂
1片
30
55

1 製作帽簷

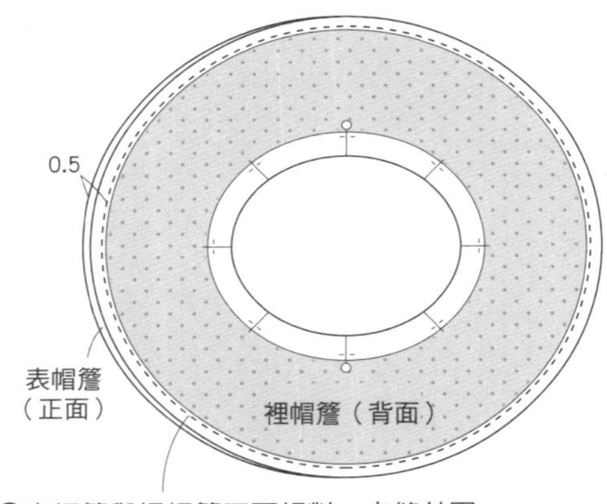
0.5
表帽簷
（正面）
裡帽簷（背面）

❶表帽簷與裡帽簷正面相對，車縫外圈。

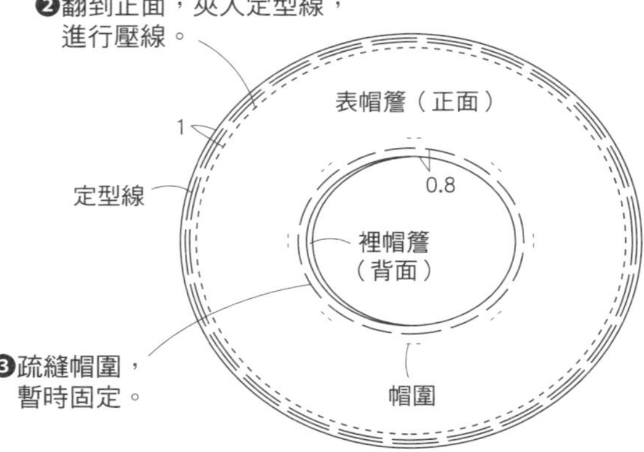
❷翻到正面，夾入定型線，
進行壓線。
1
表帽簷（正面）
定型線
0.8
裡帽簷
（背面）
❸疏縫帽圍，
暫時固定。
帽圍

2 帽圍

❶作法與P.53「2 製作帽身」「3整理」相同。
※在側帽身表布與帽頂表布的背面燙貼黏著襯（W3・不含縫份）。
※無織帶穿入口

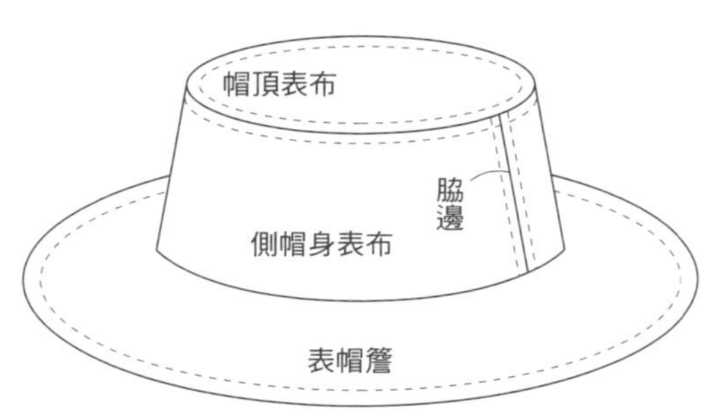
帽頂表布
脇邊
側帽身表布
表帽簷

3 製作裝飾帶&整理

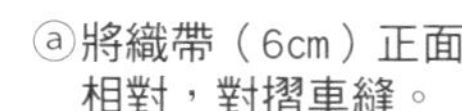

❶製作配飾

ⓐ將織帶（6cm）正面相對，對摺車縫。

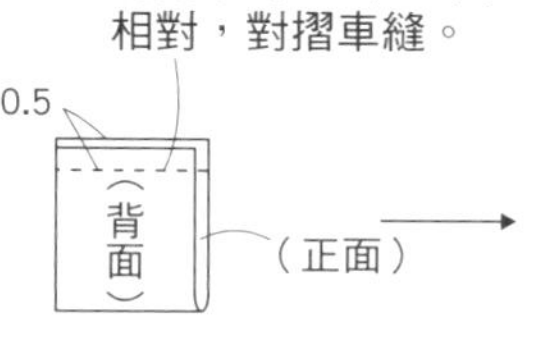

0.5
（背面）
（正面）

ⓑ翻到正面，將ⓐ的針趾置中。

❷製作本體

ⓐ將配飾穿進織帶（S57.2・M59.2・61.2）內，重疊兩端車縫。
※慎重起見，先測量帽圍尺寸再確定織帶長度。

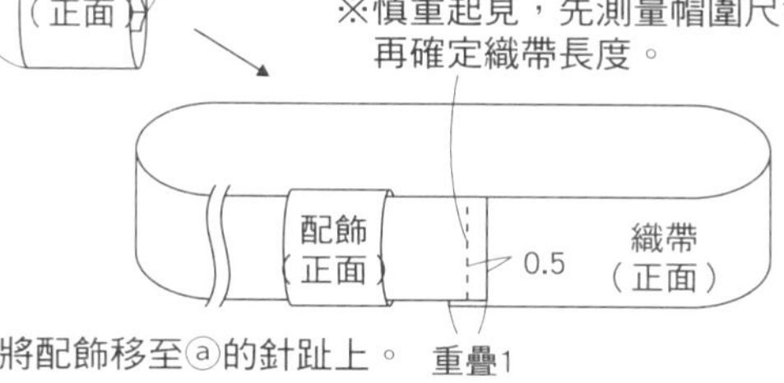

2.5
（正面）
配飾
（正面）
0.5
織帶
（正面）
重疊1

ⓑ將配飾移至ⓐ的針趾上。

❸將織帶套入帽身，以藏針縫固定（包括配飾四個角、前後中央・兩脇邊的帽圍的八個地方）

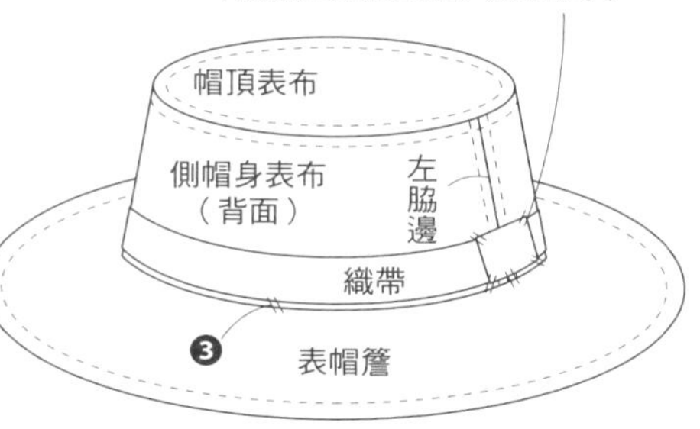

帽頂表布
側帽身表布
（背面）
左脇邊
織帶
❸
表帽簷

I 鬱金香帽

縫法 Lesson 參照 1・2

① 兒童雙面帽（P.23） ② 大人雙面帽（P.24）

原寸紙型 B 面

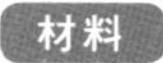

材料 ①

表布70×40cm
裡布70×40cm
黏著襯（W3）70×40cm

＊壓線使用30號275、162。

材料 ②

表布a 40cm 正方
表布b 50×20cm
裡布70×40cm
黏著襯（W3）70×40cm

＊壓線使用30號生成色、162。

＊在表布的背面燙貼粗裁黏著襯（W3），裁剪帽頂及側帽身前・脇・後。

※除了指定處之外，縫份皆為0.5cm。
＝燙貼黏著襯位置。

裁布圖【I-①裡布】

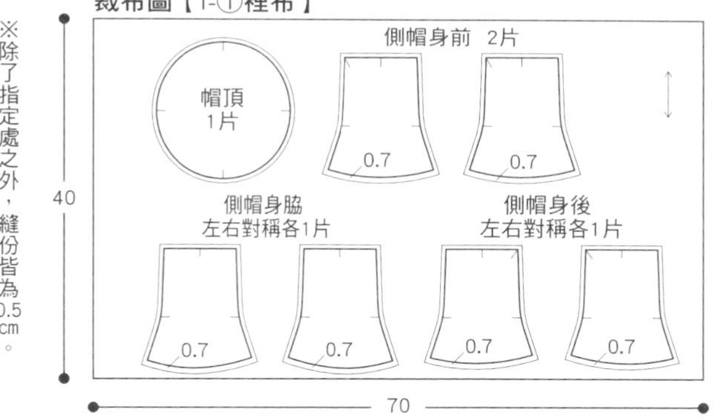

帽頂
1片
側帽身前 2片
0.7
側帽身脇
左右對稱各1片
側帽身後
左右對稱各1片
40
70

裁布圖【I-①表布】

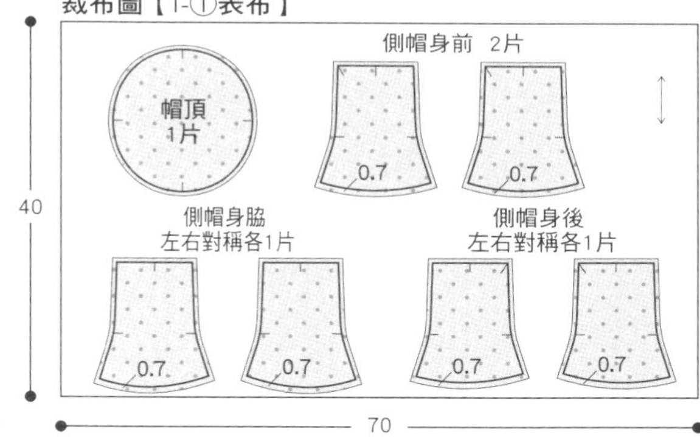

帽頂
1片
側帽身前 2片
0.7
側帽身脇
左右對稱各1片
側帽身後
左右對稱各1片
40
70

裁布圖【I-②裡布】

帽頂
1片
側帽身前
2片
0.7
側帽身脇 左右對稱各1片
側帽身後
左右對稱各1片
40
70

裁布圖【I-②表布a】

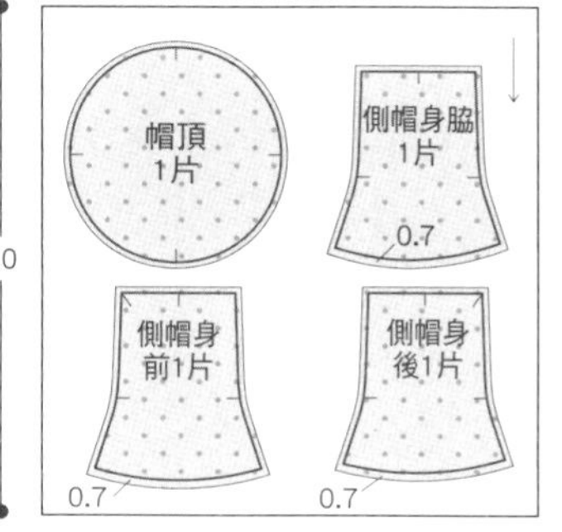

帽頂
1片
側帽身脇
1片
側帽身
前1片
側帽身
後1片
0.7
40
40

※側帽身表布a與b為左右對稱裁剪。

裁布圖【I-②表布b】

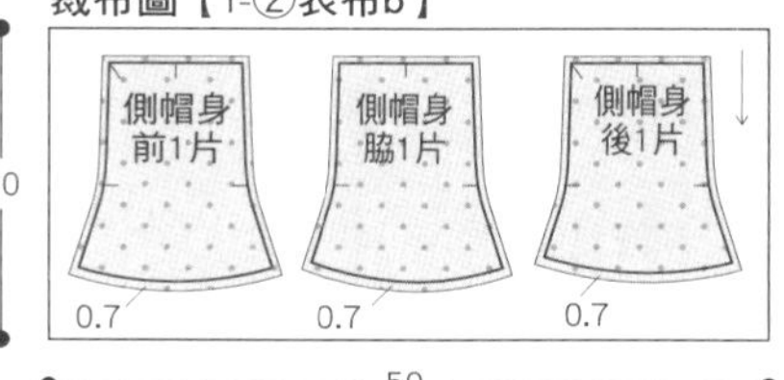

側帽身
前1片
側帽身
脇1片
側帽身
後1片
0.7
20
50

1 製作帽身表布與裡布

＜表布＞ ❶製作右側帽身。

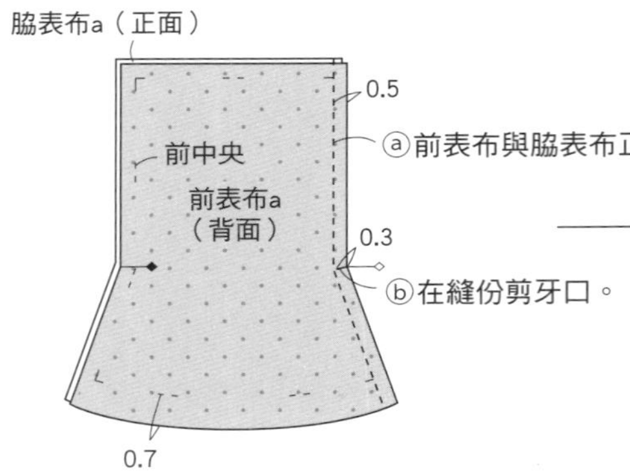

脇表布a（正面）
0.5
ⓐ前表布與脇表布正面相對車縫。
前中央
前表布a
（背面）
0.3
ⓑ在縫份剪牙口。
0.7

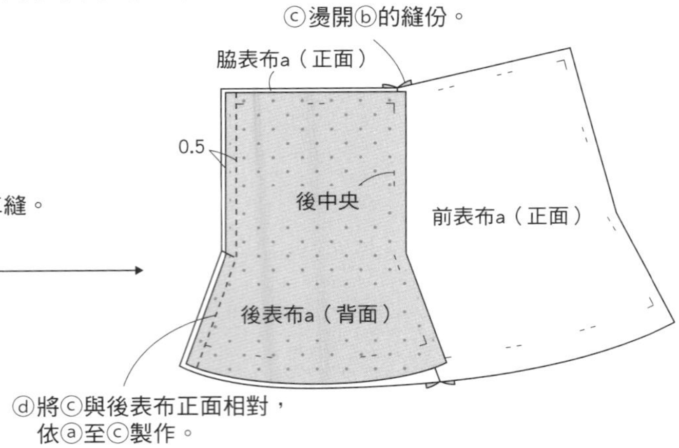

ⓒ燙開ⓑ的縫份。
脇表布a（正面）
0.5
後中央
前表布a（正面）
後表布a（背面）
ⓓ將ⓒ與後表布正面相對，
依ⓐ至ⓒ製作。

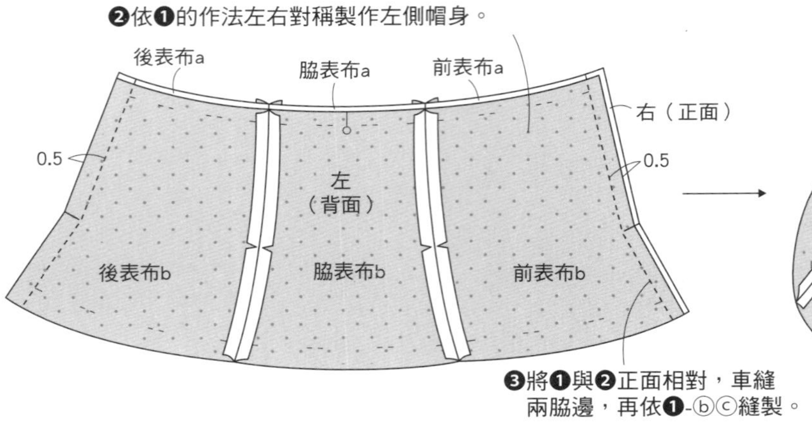

❷依❶的作法左右對稱製作左側帽身。
後表布a
脇表布a
前表布a
右（正面）
0.5
0.5
左
（背面）
後表布b
脇表布b
前表布b
❸將❶與❷正面相對，車縫
兩脇邊，再依❶-ⓑⓒ縫製。

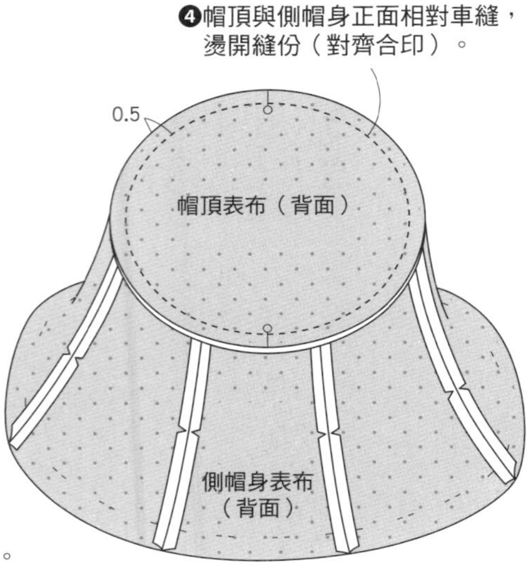

❹帽頂與側帽身正面相對車縫，
燙開縫份（對齊合印）。
0.5
帽頂表布（背面）
側帽身表布
（背面）

※裡布作法亦同。

2 整理

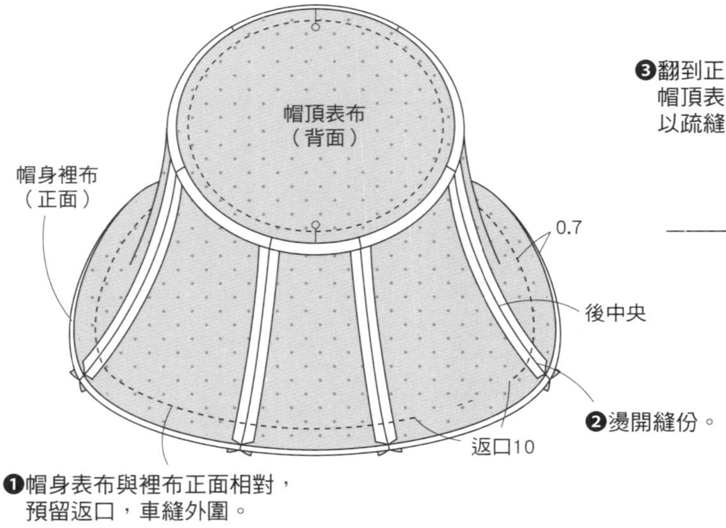

帽頂表布
（背面）
帽身裡布
（正面）
0.7
後中央
❷燙開縫份。
返口10
❶帽身表布與裡布正面相對，
預留返口，車縫外圍。

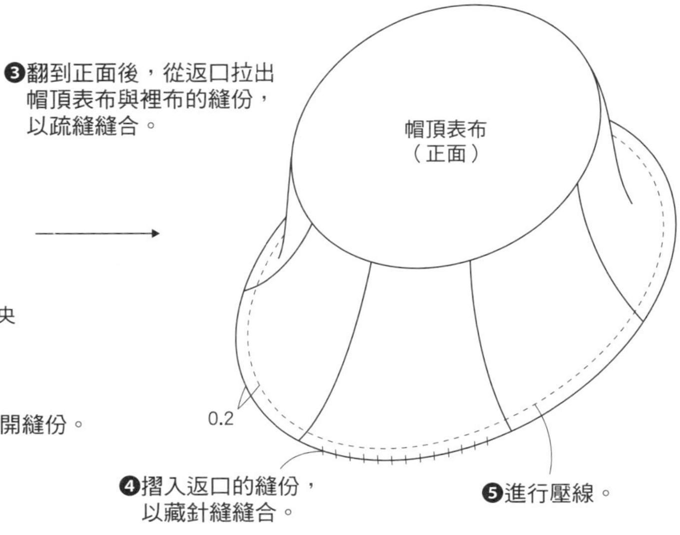

❸翻到正面後，從返口拉出
帽頂表布與裡布的縫份，
以疏縫縫合。
帽頂表布
（正面）
0.2
❹摺入返口的縫份，
以藏針縫縫合。
❺進行壓線。

貝雷帽

縫法 Lesson 參照 1·7

女孩風

（P.26）

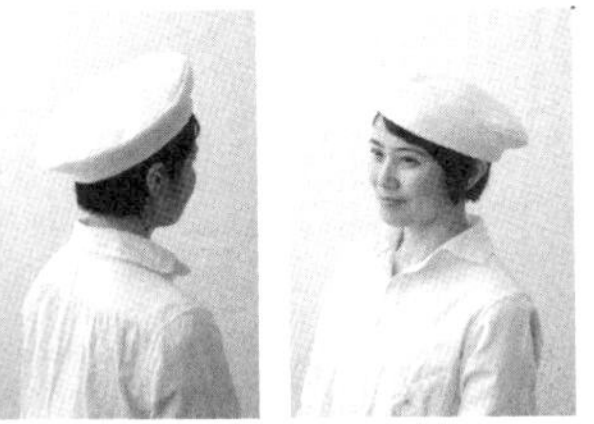

原寸紙型 B 面

材料

表布60×50cm
裡布60×50cm
黏著襯（W3）60×50cm
寬0.2cm 棉繩
出芽滾邊條65cm
寬3cm 止汗帶65cm

＊在表布的背面燙貼粗裁黏著襯（W3），裁剪帽頂與側帽身。

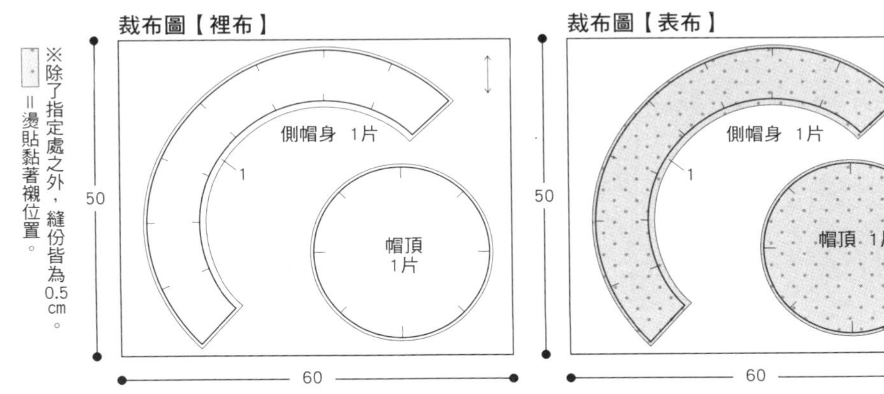

※除了指定處之外，縫份皆為0.5cm。
＝燙貼黏著襯位置。
裁布圖【裡布】
側帽身 1片
帽頂 1片
1
50
60
裁布圖【表布】
側帽身 1片
帽頂 1片
1
50
60

1 製作止汗帶

2 製作帽身表布與裡布

3 整理

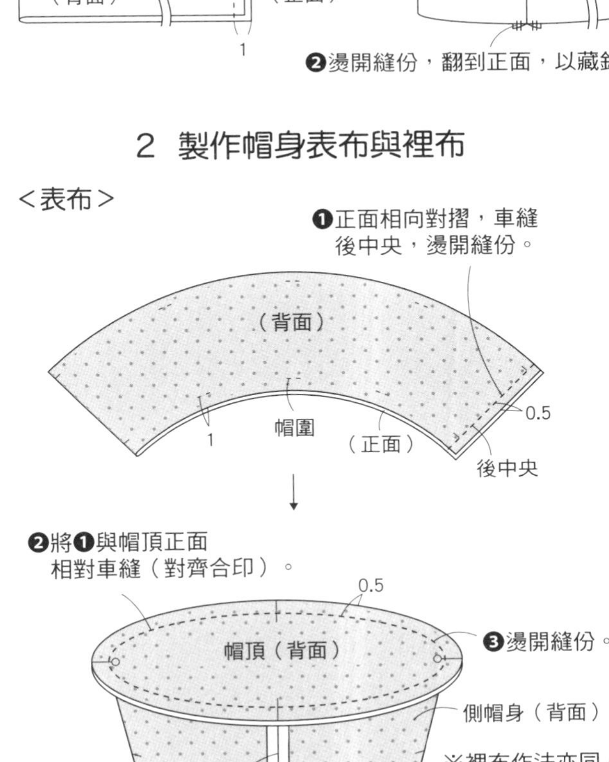

❶將止汗帶（S58・M60・L62）正面相向對摺，車縫後中央。
（背面）
（正面）
1
❷燙開縫份，翻到正面，以藏針縫接合兩端。
<表布>
❶正面相向對摺，車縫後中央，燙開縫份。
（背面）
0.5
1
帽圍
（正面）
後中央
❷將❶與帽頂正面相對車縫（對齊合印）。
0.5
帽頂（背面）
❸燙開縫份。
側帽身（背面）
※裡布作法亦同。
後中央

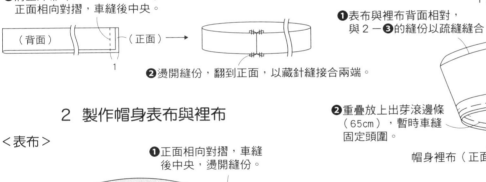

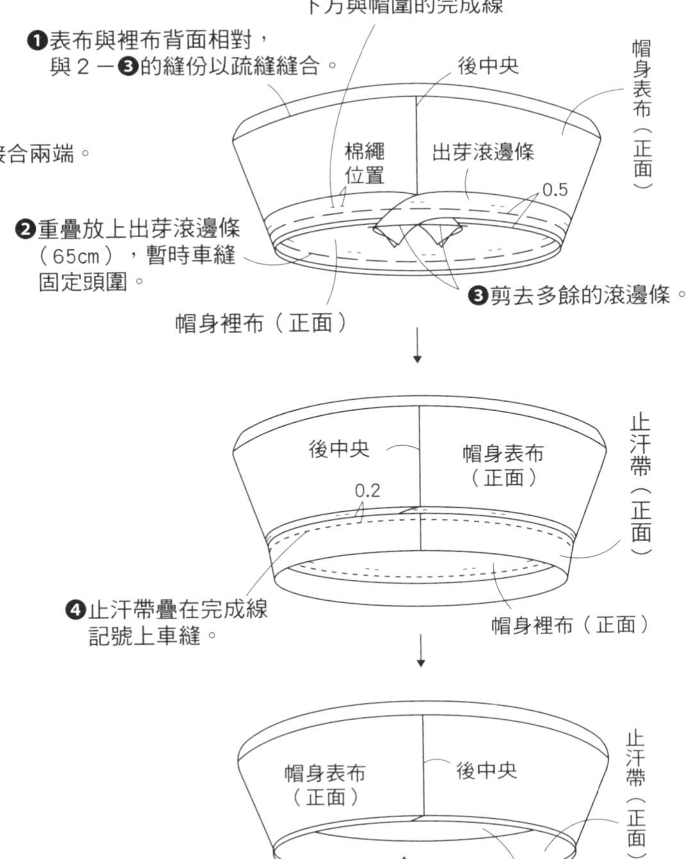

對齊出芽滾邊條的棉繩位置下方與帽圍的完成線
❶表布與裡布背面相對，與2－❸的縫份以疏縫縫合。
後中央
帽身表布（正面）
棉繩位置
出芽滾邊條
0.5
❷重疊放上出芽滾邊條（65cm），暫時車縫固定頭圍。
❸剪去多餘的滾邊條。
帽身裡布（正面）
後中央
帽身表布（正面）
0.2
止汗帶（正面）
❹止汗帶疊在完成線記號上車縫。
帽身裡布（正面）
帽身表布（正面）
後中央
止汗帶（正面）
❺止汗帶反摺至內側。
帽身裡布（正面）

海軍帽

縫法 Lesson
參照1·4·7

水手藍色彩

(P.12)

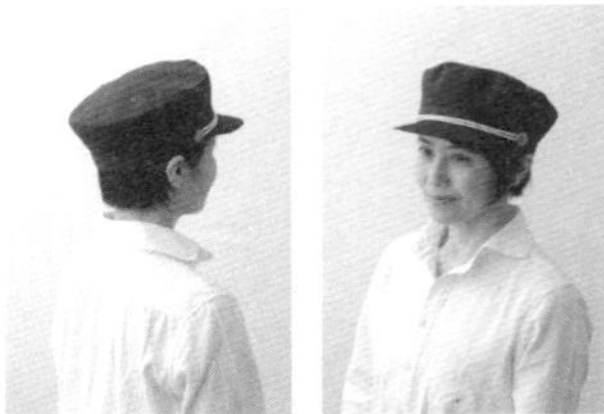

原寸紙型 B 面

材料

表布80×45cm
裡布70×35cm
黏著襯（W4）70×35cm
黏著襯（W5）50×20cm
厚0.5mm 膠板30×20cm
直徑0.4cm 棉繩55cm
寬3cm 止汗帶65cm
直徑2cm 有腳鈕釦2顆

＊壓線使用30號99。
＊裁剪各部位，在帽頂、側帽身前・後以及裝飾帶表布的背面燙貼不含縫份黏著襯（W4），在表・裡帽簷的背面燙貼不含縫份黏著襯（W5）。

※除了指定處之外，縫份皆為0.5cm。
＝燙貼黏著襯位置。

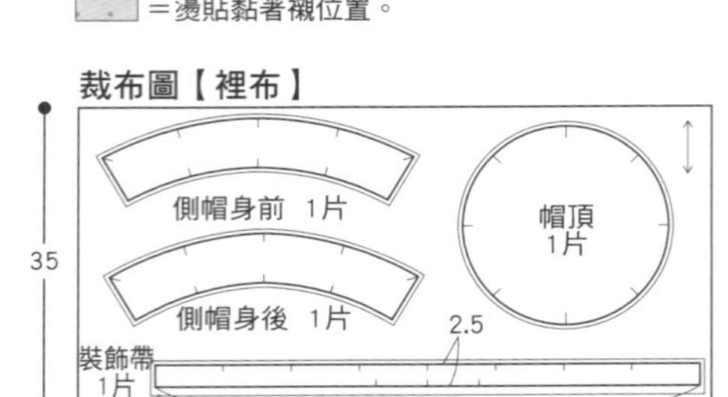

裁布圖【裡布】
側帽身前 1片
側帽身後 1片
帽頂 1片
2.5
裝飾帶 1片
1
S56.2•M58.2•L60.2
35
70

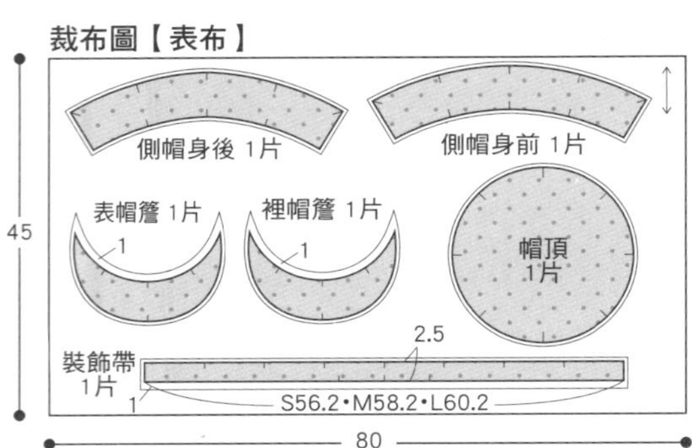

裁布圖【表布】
側帽身後 1片
側帽身前 1片
表帽簷 1片
裡帽簷 1片
帽頂 1片
2.5
裝飾帶 1片
1
S56.2•M58.2•L60.2
45
80

1 製作各部位

＜裝飾帶＞

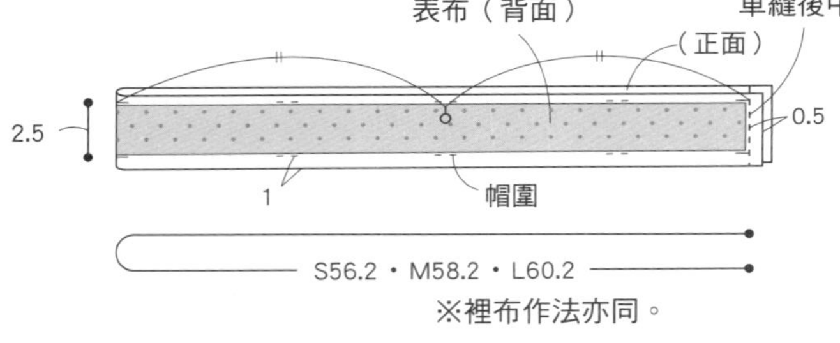

表布（背面）
正面相向對摺，車縫後中央。
（正面）
0.5
2.5
1
帽圍
S56.2 • M58.2 • L60.2

※裡布作法亦同。

＜帽簷＞

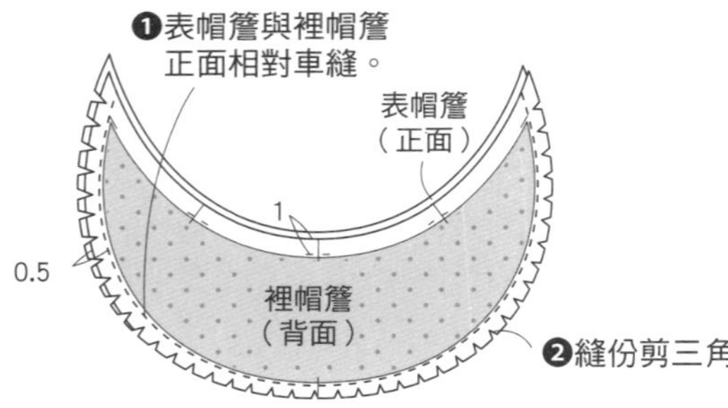

❶表帽簷與裡帽簷正面相對車縫。
表帽簷（正面）
1
0.5
裡帽簷（背面）
❷縫份剪三角形牙口。
❸翻到正面，放入膠板，暫時車縫固定。
❺剪去外突的縫份。
裡帽簷（背面）
0.8
表帽簷（正面）
❹進行壓線。
0.7
膠板

2 製作帽身表布與裡布

＜表布＞

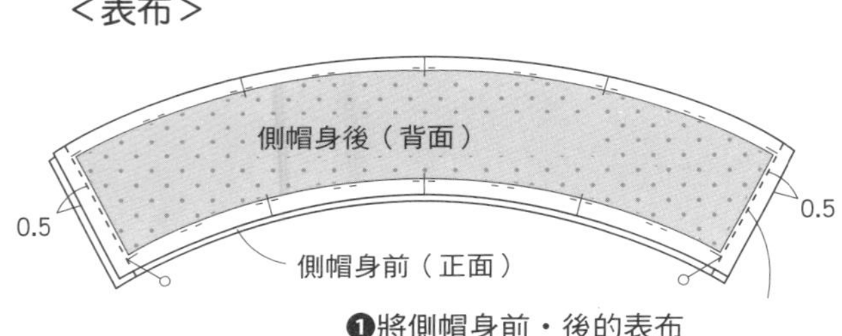

側帽身後（背面）
0.5
0.5
側帽身前（正面）
❶將側帽身前・後的表布正面相對，車縫兩脇邊。

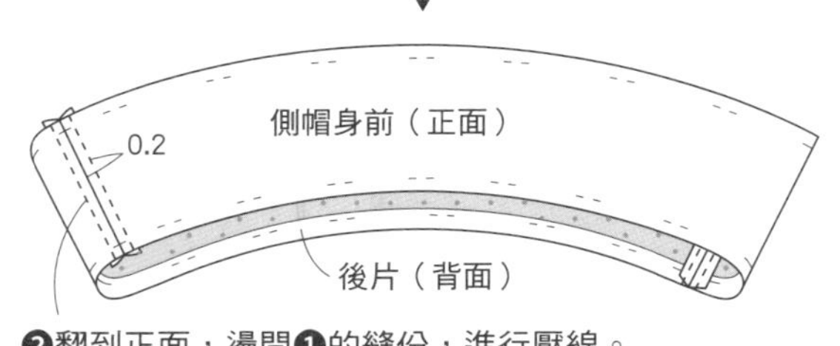

側帽身前（正面）
0.2
後片（背面）
❷翻到正面，燙開❶的縫份，進行壓線。

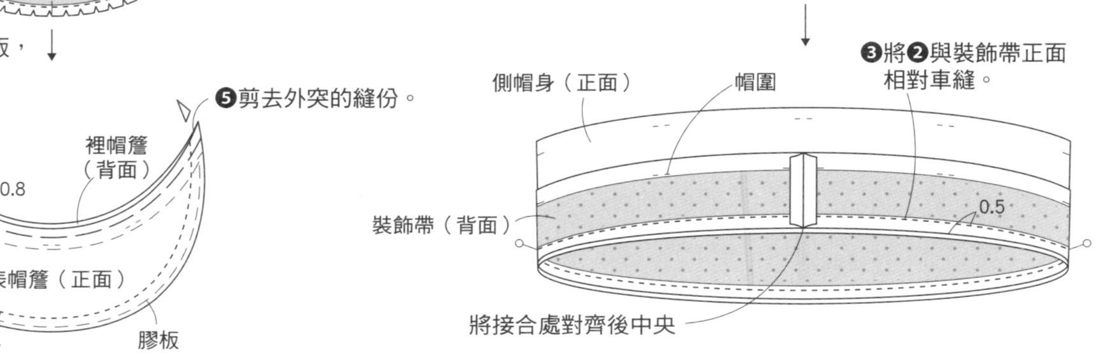

側帽身（正面）
帽圍
❸將❷與裝飾帶正面相對車縫。
裝飾帶（背面）
0.5
將接合處對齊後中央

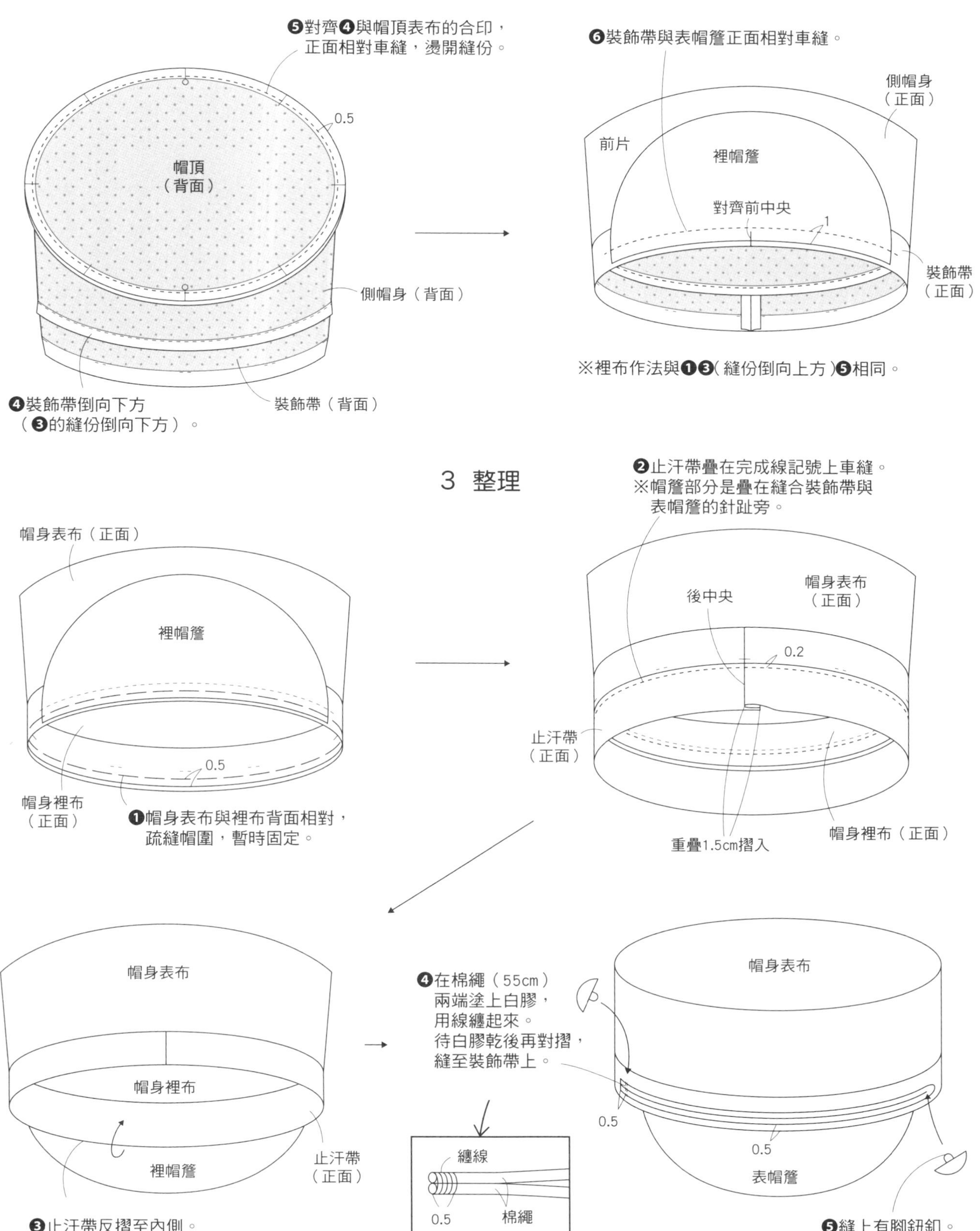

❺對齊❹與帽頂表布的合印，
正面相對車縫，燙開縫份。
0.5
帽頂
（背面）
側帽身（背面）
❹裝飾帶倒向下方
（❸的縫份倒向下方）。
裝飾帶（背面）
❻裝飾帶與表帽簷正面相對車縫。
側帽身
（正面）
前片
裡帽簷
對齊前中央
1
裝飾帶
（正面）
※裡布作法與❶❸（縫份倒向上方）❺相同。

3 整理

帽身表布（正面）
裡帽簷
0.5
帽身裡布
（正面）
❶帽身表布與裡布背面相對，
疏縫帽圍，暫時固定。
❷止汗帶疊在完成線記號上車縫。
※帽簷部分是疊在縫合裝飾帶與
表帽簷的針趾旁。
後中央
帽身表布
（正面）
0.2
止汗帶
（正面）
重疊1.5cm摺入
帽身裡布（正面）
帽身表布
帽身裡布
裡帽簷
止汗帶
（正面）
❸止汗帶反摺至內側。
❹在棉繩（55cm）
兩端塗上白膠，
用線纏起來。
待白膠乾後再對摺，
縫至裝飾帶上。
纏線
0.5
棉繩
帽身表布
0.5
0.5
表帽簷
❺縫上有腳鈕釦。

工作帽

縫法 Lesson
參照1·2·4·7·8

陸軍綠色彩

(P.13)

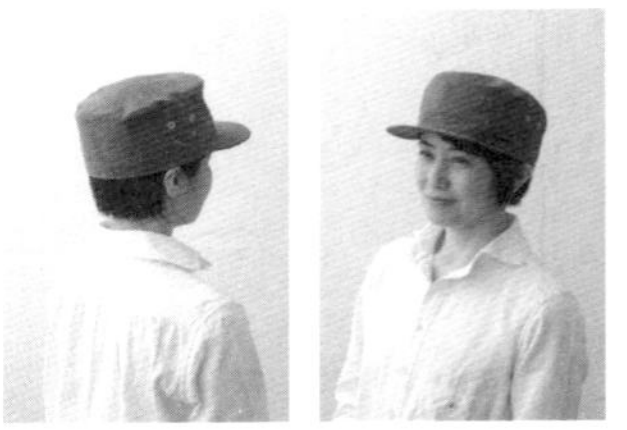

原寸紙型 A 面

材料

表布70×40cm
裡布55×30cm
黏著襯（W2）60×30cm
厚1.5mm 膠板25×20cm
寬3cm 止汗帶65cm
手縫線

＊壓線使用30號73。
＊裁剪各部位，在帽頂表布及表·裡帽簷的背面燙貼不含縫份黏著襯（W2）。
＊在側帽身表布的背面燙貼補強用黏著襯（W2）。

※除了指定處之外，縫份皆為0.5cm。
▭ ＝燙貼黏著襯位置。

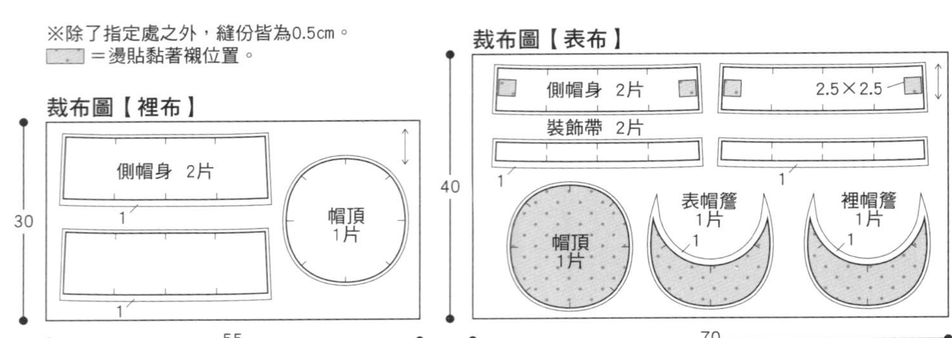

裁布圖【裡布】
側帽身 2片
帽頂
1片
1
1
30
55
裁布圖【表布】
側帽身 2片
2.5×2.5
裝飾帶 2片
1
1
帽頂
1片
表帽簷
1片
裡帽簷
1片
1
1
40
70

1 製作帽簷

❶表帽簷與裡帽簷正面相對車縫。
表帽簷（正面）
1
0.5
裡帽簷（背面）
❷在縫份剪三角形牙口。
❸翻到正面，放入膠板（不加縫份），暫時車縫固定。
❺剪去外突的縫份。
裡帽簷（背面）
0.8
2.5
表帽簷（正面）
2
0.7
膠板
❹進行壓線。

2 製作帽身表布與裡布

＜表布＞
側帽身（正面）
1
帽圍
0.5
❶側帽身與裝飾帶正面相對車縫。
裝飾帶（背面）
側帽身（正面）
0.2
帽圍
裝飾帶（正面）
❷縫份倒向裝飾帶側，進行壓線。
・製作2片
❸將❷的兩片正面相對，車縫兩脇邊。
側帽身（正面）
0.5
側帽身（背面）
0.5

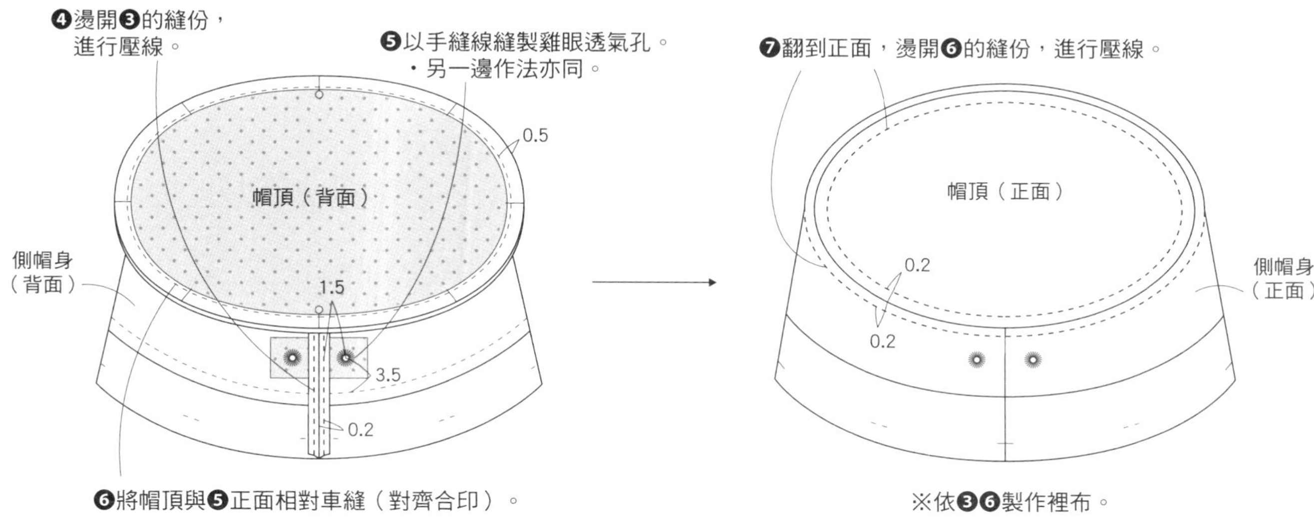
❹燙開❸的縫份，
進行壓線。
❺以手縫線縫製雞眼透氣孔。
・另一邊作法亦同。
0.5
帽頂（背面）
側帽身
（背面）
1.5
3.5
0.2
❻將帽頂與❺正面相對車縫（對齊合印）。
❼翻到正面，燙開❻的縫份，進行壓線。
帽頂（正面）
0.2
0.2
側帽身
（正面）
※依❸❻製作裡布。

3 整理

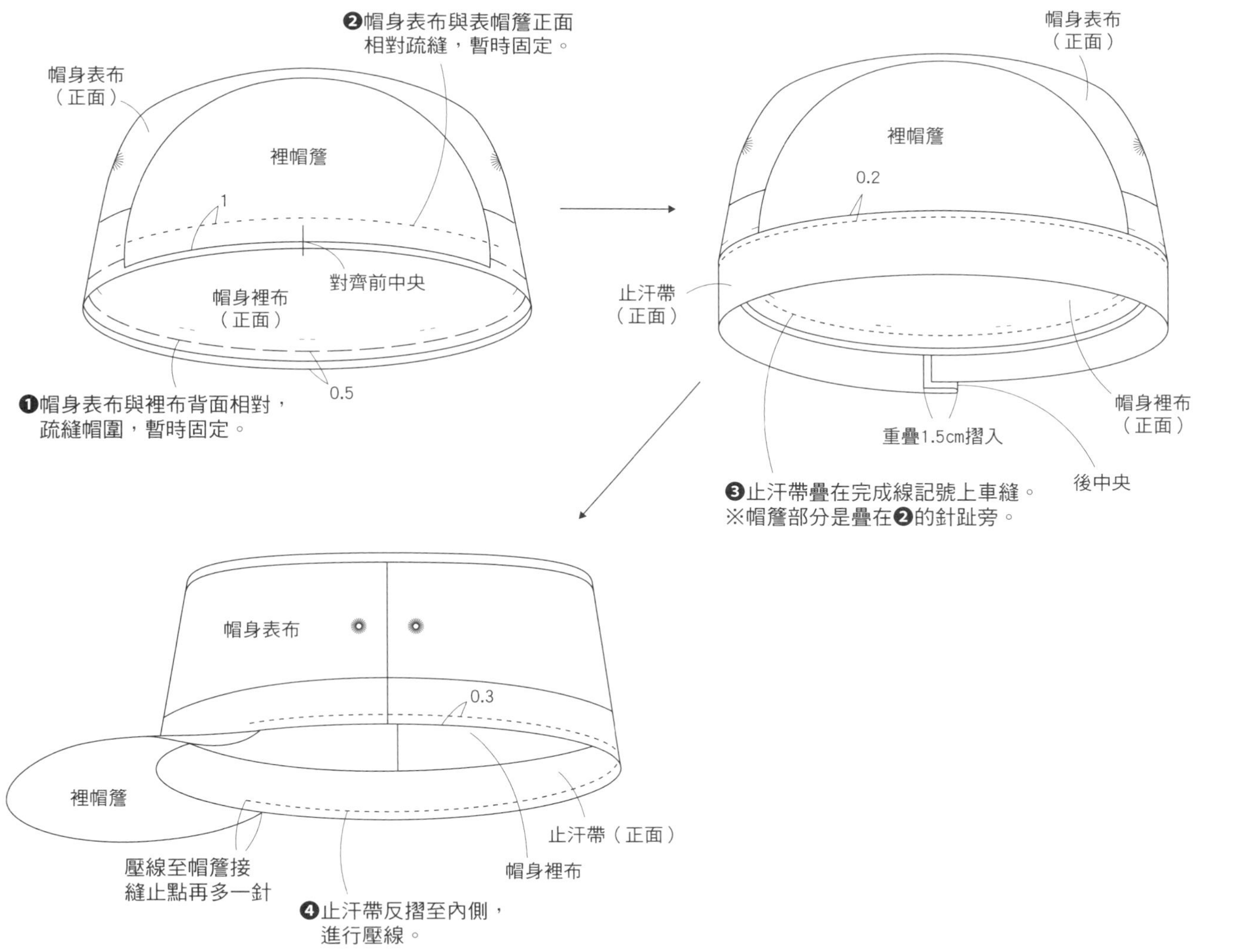

❷帽身表布與表帽簷正面
相對疏縫，暫時固定。

帽身表布
（正面）

裡帽簷

1

對齊前中央

帽身裡布
（正面）

0.5

❶帽身表布與裡布背面相對，
疏縫帽圍，暫時固定。

帽身表布
（正面）

裡帽簷

0.2

止汗帶
（正面）

帽身裡布
（正面）

重疊1.5cm摺入

後中央

❸止汗帶疊在完成線記號上車縫。
※帽簷部分是疊在❷的針趾旁。

帽身表布

0.3

裡帽簷

止汗帶（正面）

帽身裡布

壓線至帽簷接
縫止點再多一針

❹止汗帶反摺至內側，
進行壓線。

六片式鐘型帽

縫法 Lesson 參照 1·2·3·4·7

① 散步帽 (P.14)　② 幼兒園・上學帽 (P.15)

原寸紙型 B 面

材料 ①

表布90×50cm
裡布50cm 正方
黏著襯（W3）50cm 正方
黏著襯（W4）90×30cm
寬3cm 止汗帶65cm

＊壓線使用30號64。

材料 ②

表布80×50cm
裡布40cm正方
黏著襯（W3）50×40cm
黏著襯（W4）80×30cm
寬3cm 止汗帶65cm

＊壓線使用30號99、268。
＊裁剪各部位，在帽身表布的背面整個燙貼黏著襯（W3），但頂點稍微內縮不貼。表・裡帽簷的背面則是燙貼不含縫份的黏著襯（W4）。

※除了指定處之外，縫份皆為0.5cm。
＝燙貼黏著襯位置。

裁布圖【F-①裡布】

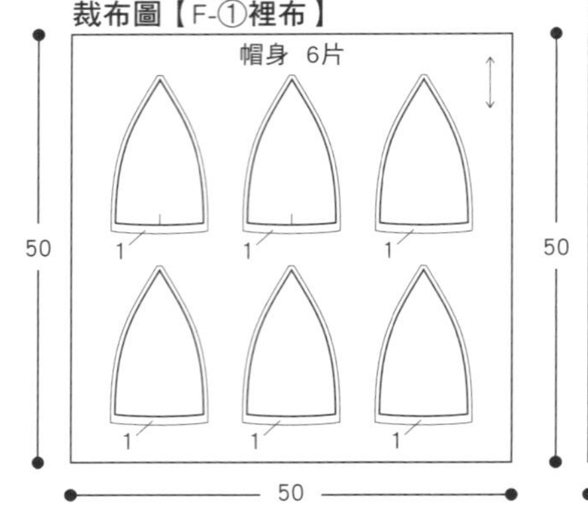

帽身 6片
1
50
50

裁布圖【F-①表布】

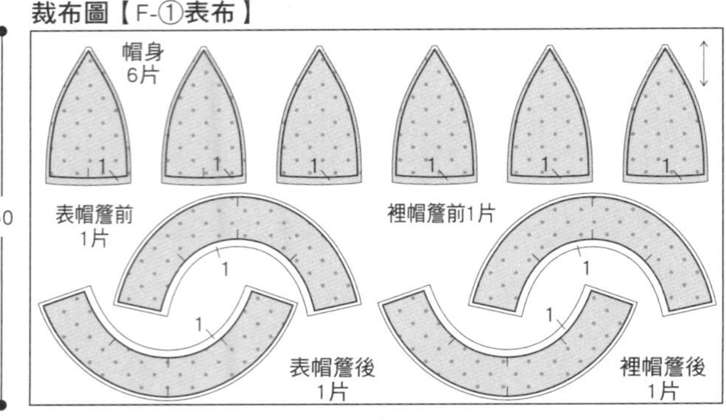

帽身
6片
表帽簷前
1片
裡帽簷前1片
表帽簷後
1片
裡帽簷後
1片
1
50
90

裁布圖【F-②裡布】

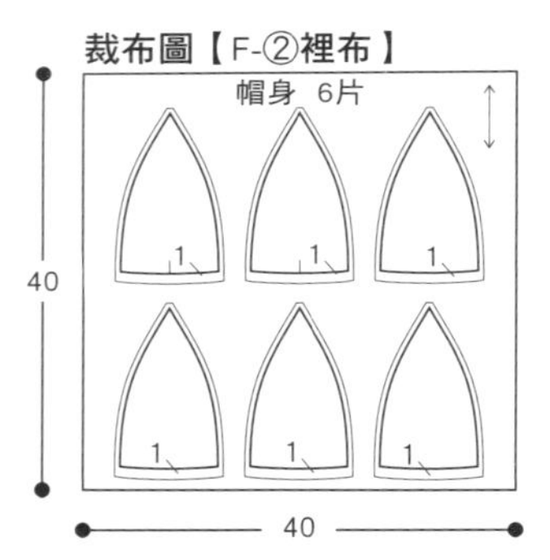

帽身 6片
1
40
40

裁布圖【F-②表布】

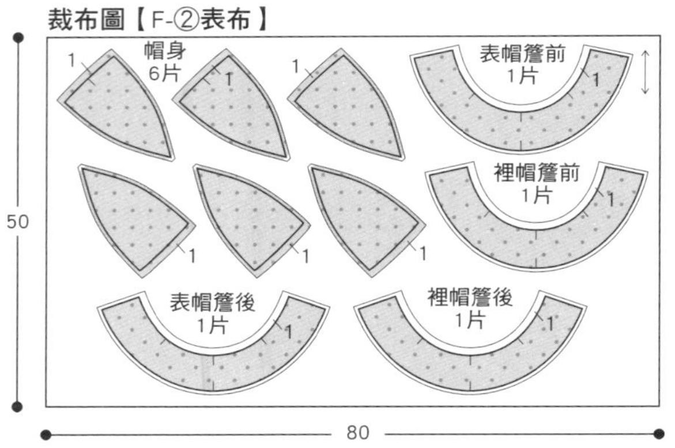

帽身
6片
表帽簷前
1片
裡帽簷前
1片
表帽簷後
1片
裡帽簷後
1片
1
50
80

1 製作帽身

❶製作表帽簷。

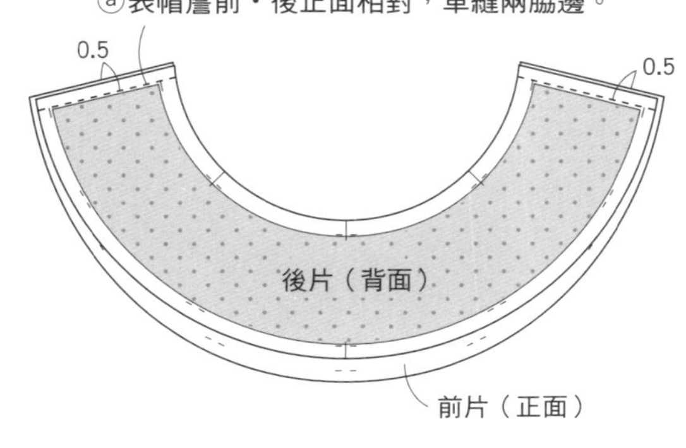

ⓐ表帽簷前・後正面相對，車縫兩脇邊。
0.5
0.5
後片（背面）
前片（正面）

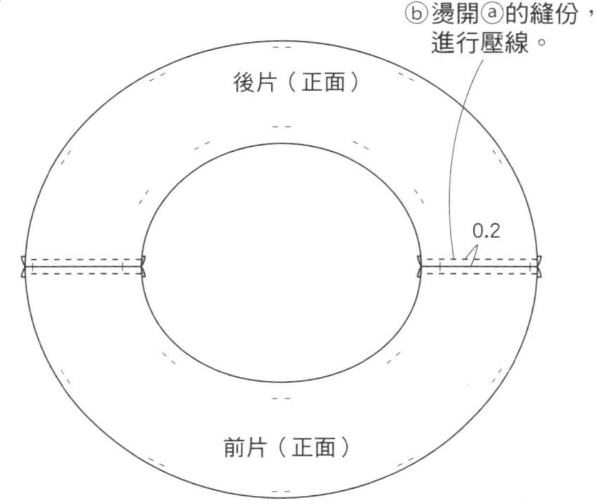

ⓑ燙開ⓐ的縫份，
進行壓線。
後片（正面）
0.2
前片（正面）

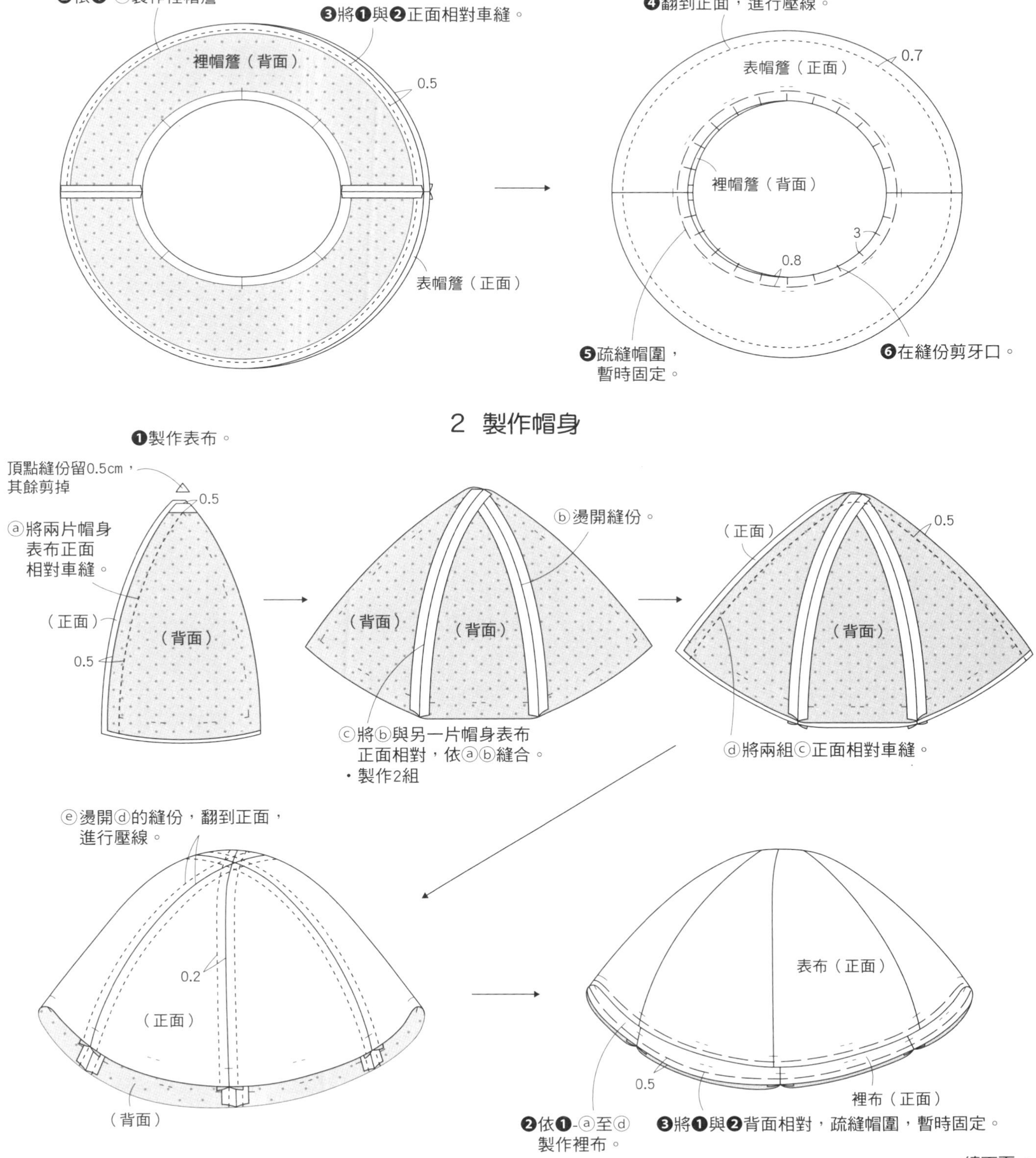
❷依❶-ⓐ製作裡帽簷。
❸將❶與❷正面相對車縫。
裡帽簷（背面）
0.5
表帽簷（正面）
❹翻到正面，進行壓線。
表帽簷（正面）
0.7
裡帽簷（背面）
3
0.8
❺疏縫帽圍，
暫時固定。
❻在縫份剪牙口。
2 製作帽身
❶製作表布。
頂點縫份留0.5cm，
其餘剪掉
0.5
ⓐ將兩片帽身
表布正面
相對車縫。
（正面）
（背面）
0.5
ⓑ燙開縫份。
（背面）
（背面）
ⓒ將ⓑ與另一片帽身表布
正面相對，依ⓐⓑ縫合。
・製作2組
（正面）
0.5
（背面）
ⓓ將兩組ⓒ正面相對車縫。
ⓔ燙開ⓓ的縫份，翻到正面，
進行壓線。
0.2
（正面）
（背面）
表布（正面）
0.5
裡布（正面）
❷依❶-ⓐ至ⓓ
製作裡布。
❸將❶與❷背面相對，疏縫帽圍，暫時固定。

續下頁↗

3 整理

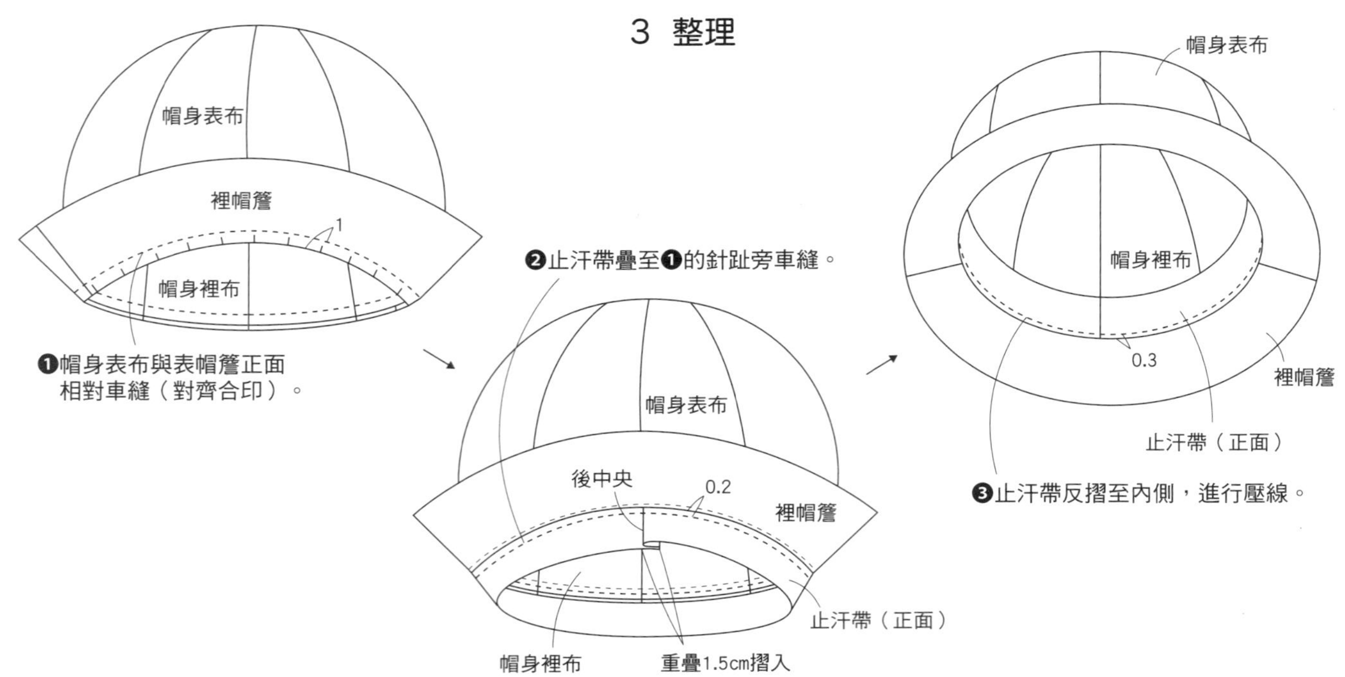

帽身表布
裡帽簷
1
帽身裡布
❶帽身表布與表帽簷正面相對車縫（對齊合印）。
❷止汗帶疊至❶的針趾旁車縫。
帽身表布
後中央
0.2
裡帽簷
止汗帶（正面）
帽身裡布
重疊1.5cm摺入
帽身表布
帽身裡布
0.3
裡帽簷
止汗帶（正面）
❸止汗帶反摺至內側，進行壓線。

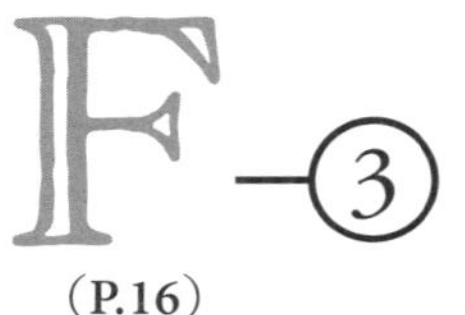

F

F－③ 六片式鐘型帽

縫法 Lesson
參照1·2·3·4·7

戶外休閒款

(P.16)

原寸紙型 B 面

材料

表布80×75cm
裡布50cm正方
黏著襯（抗UV・黑色）80×70cm
直徑0.3cm圓皮繩100cm
直徑1.2cm釦子4顆
內徑0.5cm雞眼釦2組
寬3cm止汗帶65cm

＊壓線使用30號118。
＊裁剪各部位，在帽身表布的整個背面燙貼黏著襯（抗UV・黑色），但頂點向內縮一點點不貼。表・裡帽簷的背面燙貼不含縫份的黏著襯（抗UV・黑色）。

※除了指定處之外，縫份皆為0.5cm。
▨＝燙貼黏著襯位置。

裁布圖【裡布】

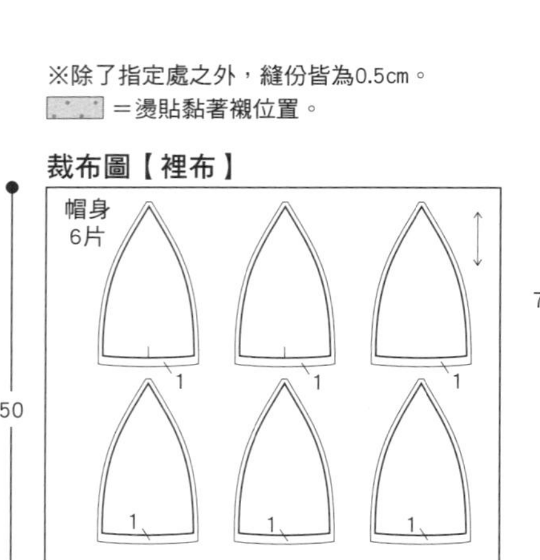

帽身
6片
1
布繩4片
5×2
不加縫份
50
50

裁布圖【表布】

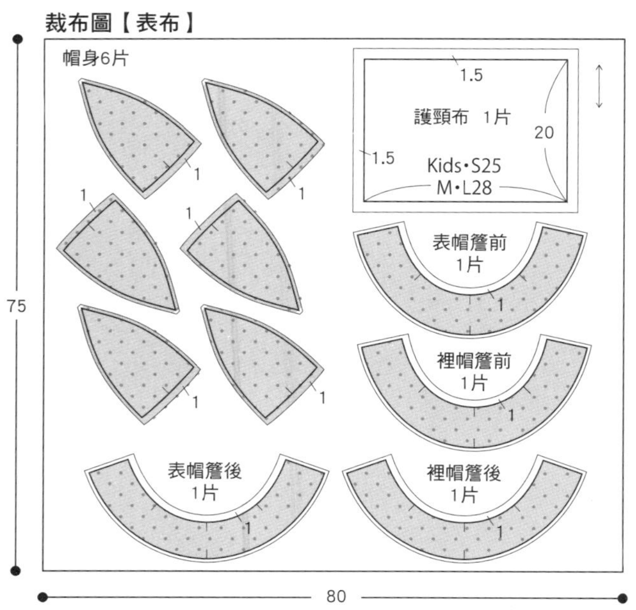

帽身6片
1
1.5
護頸布 1片
20
1.5
Kids・S25
M・L28
表帽簷前
1片
裡帽簷前
1片
表帽簷後
1片
裡帽簷後
1片
75
80

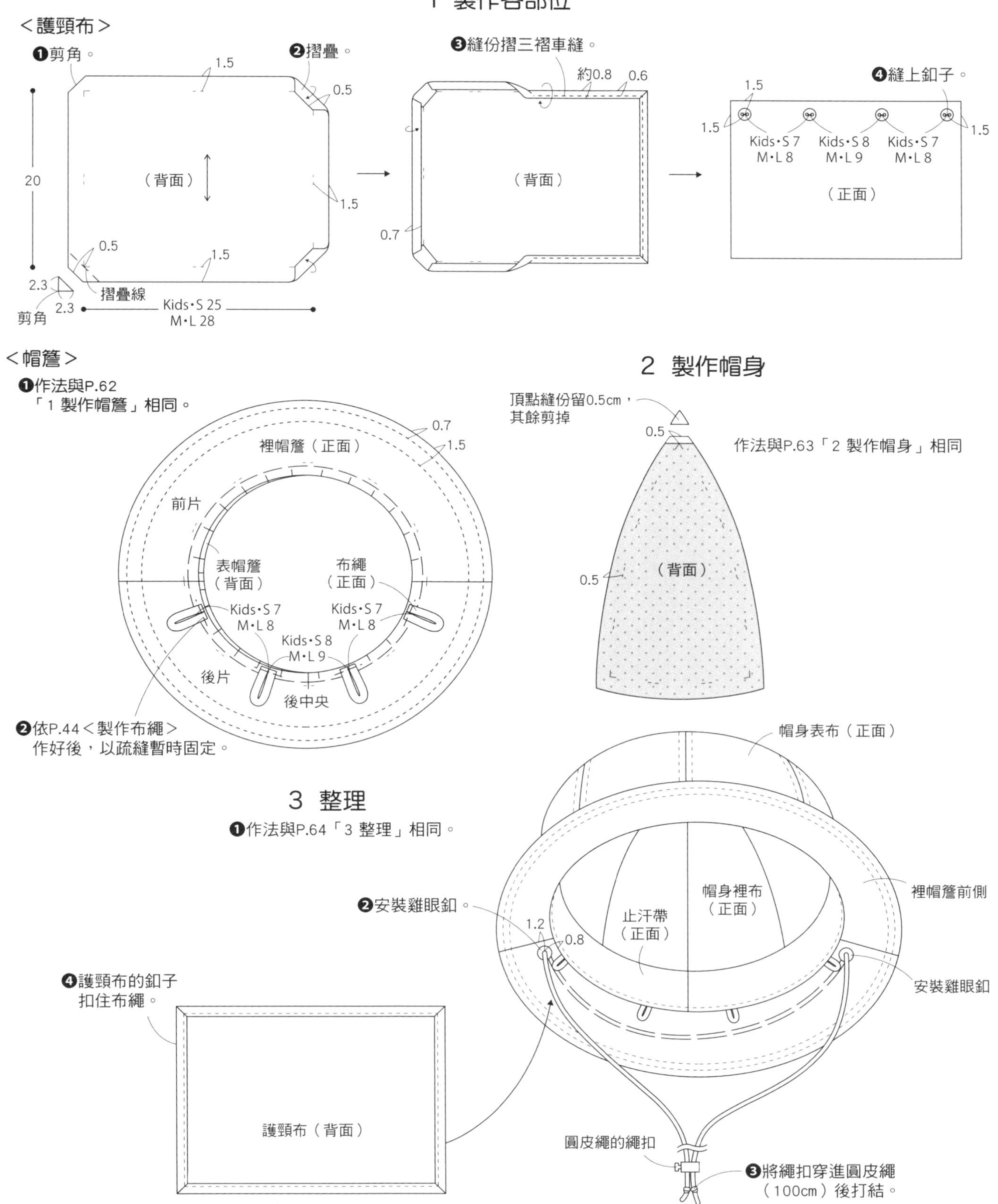

1 製作各部位
<護頸布>
❶剪角。
❷摺疊。
❸縫份摺三褶車縫。
❹縫上釦子。
1.5
0.5
20
（背面）
1.5
0.5
1.5
2.3
2.3
剪角
摺疊線
Kids・S 25
M・L 28
約0.8
0.6
0.7
（背面）
1.5
1.5
1.5
Kids・S 7
M・L 8
Kids・S 8
M・L 9
Kids・S 7
M・L 8
（正面）
<帽簷>
❶作法與P.62
「1 製作帽簷」相同。
0.7
1.5
裡帽簷（正面）
前片
表帽簷
（背面）
布繩
（正面）
Kids・S 7
M・L 8
Kids・S 7
M・L 8
Kids・S 8
M・L 9
後片
後中央
❷依P.44<製作布繩>
作好後，以疏縫暫時固定。
2 製作帽身
頂點縫份留0.5cm，
其餘剪掉
0.5
作法與P.63「2 製作帽身」相同
0.5
（背面）
3 整理
❶作法與P.64「3 整理」相同。
帽身表布（正面）
裡帽簷前側
帽身裡布
（正面）
止汗帶
（正面）
❷安裝雞眼釦。
1.2
0.8
安裝雞眼釦
❹護頸布的釦子
扣住布繩。
護頸布（背面）
圓皮繩的繩扣
❸將繩扣穿進圓皮繩
（100cm）後打結。

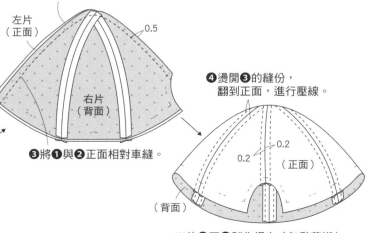

G-①

棒球帽

縫法 Lesson
參照1·3·4·7

街頭風

(P.18)

原寸紙型 B 面

材料

表布70×50cm
裡布50cm 正方
黏著襯（W2）70×50cm
厚1.5mm 膠板25×20cm
寬3cm 止汗帶65cm
直徑1.8cm 包釦組1組
寬1.5cm 鬆緊帶10cm

＊壓線使用30號230。
＊裁剪各部位，在帽身及帽身後表布的整個背面燙貼黏著襯（W2），但頂點向內縮一點點不貼。在表．裡帽簷的背面燙貼不含縫份黏著襯（W2）。

※除了指定處之外，縫份皆為0.5cm。
＝燙貼黏著襯位置。

裁布圖【裡布】

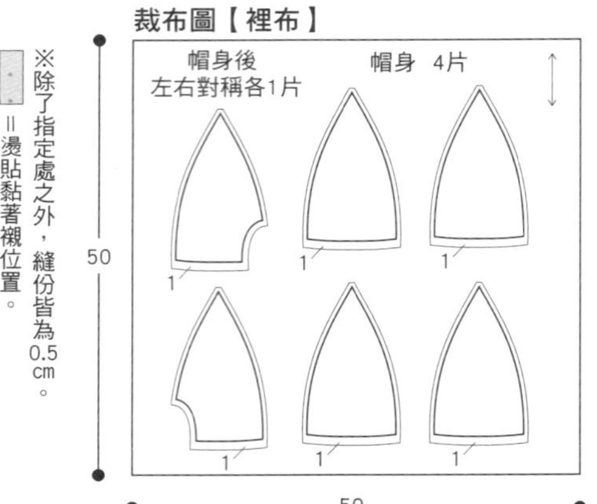

帽身後
左右對稱各1片
帽身 4片
50
1

裁布圖【表布】

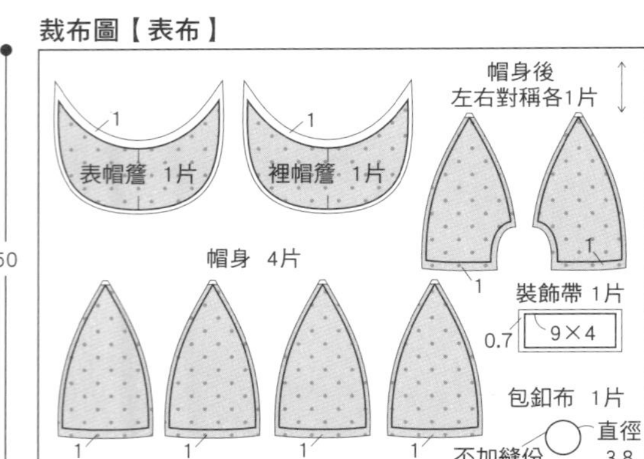

表帽簷 1片
裡帽簷 1片
帽身後
左右對稱各1片
帽身 4片
裝飾帶 1片
9×4
0.7
包釦布 1片
直徑
3.8
不加縫份
50
1

50　　70

1 製作各部位

＜裝飾帶＞

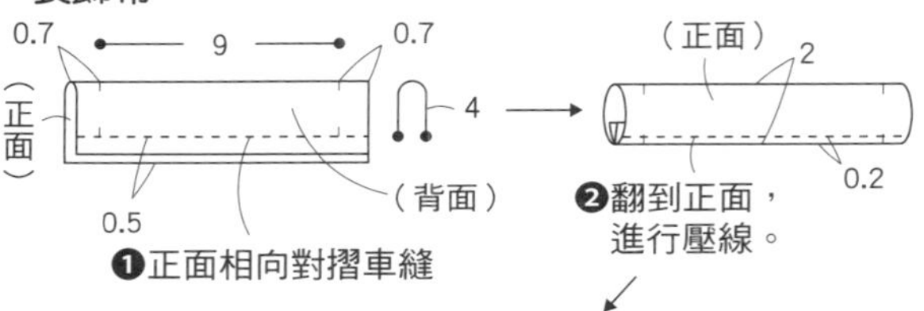

0.7
9
0.7
（正面）
4
（正面）
2
0.2
0.5
（背面）
❶正面相向對摺車縫
❷翻到正面，
進行壓線。

❸穿入鬆緊帶（7.5cm），以疏縫暫時固定。

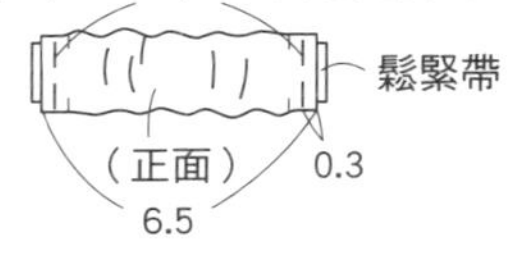

鬆緊帶
（正面）
0.3
6.5

＜帽簷＞

❶表帽簷與裡帽簷
正面相對車縫。

裡帽簷
（正面）

表帽簷
（背面）

0.5

❷在縫份剪三角形牙口。

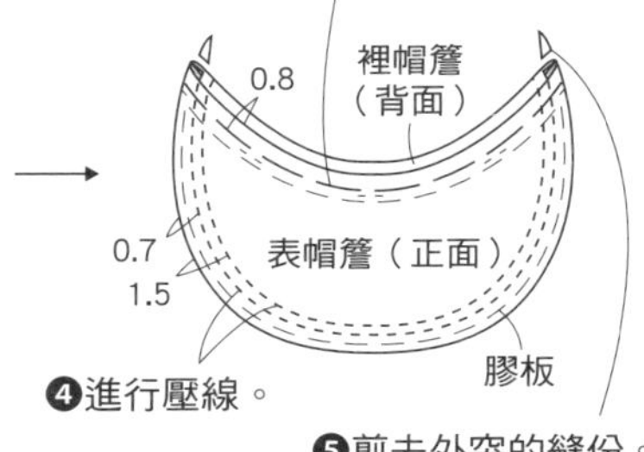

❸翻到正面，放入膠板
（不加縫份），
以疏縫暫時固定。
0.8
裡帽簷
（背面）
0.7
1.5
表帽簷（正面）
膠板
❹進行壓線。
❺剪去外突的縫份。

2 製作帽身

＜表布＞

❶製作右片。　頂點縫份留0.5cm，其餘剪掉。

0.5
ⓐ將兩片帽身表布正面相對車縫。

（正面）
後中央
0.5
0.5
（背面）

ⓑ燙開ⓐ的縫份。

前中央　後中央

右片
（背面）

ⓒ將ⓑ與另一片
帽身表布正面相對，
依ⓐⓑ縫合。

❷依❶左右對稱製作左片。

左片
（正面）
0.5

右片
（背面）

❸將❶與❷正面相對車縫。

❹燙開❸的縫份，
翻到正面，進行壓線。

0.2
0.2
（正面）
（背面）

※依❶至❸製作裡布（無黏著襯）

3 整理

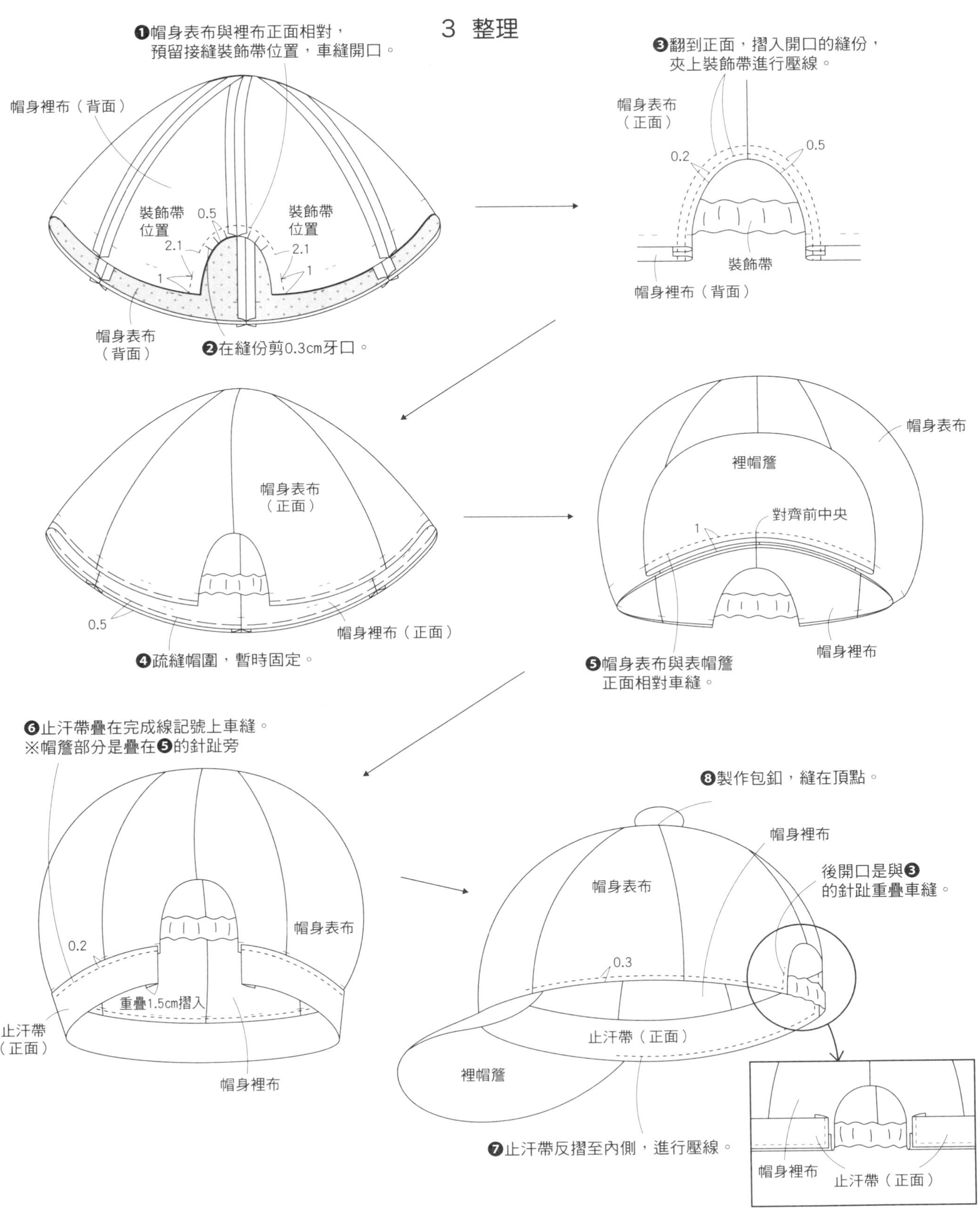

❶帽身表布與裡布正面相對，
預留接縫裝飾帶位置，車縫開口。
帽身裡布（背面）
裝飾帶
位置
0.5
裝飾帶
位置
2.1
2.1
1
1
帽身表布
（背面）
❷在縫份剪0.3cm牙口。
❸翻到正面，摺入開口的縫份，
夾上裝飾帶進行壓線。
帽身表布
（正面）
0.2
0.5
裝飾帶
帽身裡布（背面）
帽身表布
（正面）
0.5
帽身裡布（正面）
❹疏縫帽圍，暫時固定。
帽身表布
裡帽簷
對齊前中央
1
帽身裡布
❺帽身表布與表帽簷
正面相對車縫。
❻止汗帶疊在完成線記號上車縫。
※帽簷部分是疊在❺的針趾旁
0.2
帽身表布
重疊1.5cm摺入
止汗帶
（正面）
帽身裡布
❽製作包釦，縫在頂點。
帽身裡布
帽身表布
後開口是與❸
的針趾重疊車縫。
0.3
止汗帶（正面）
裡帽簷
❼止汗帶反摺至內側，進行壓線。
帽身裡布
止汗帶（正面）

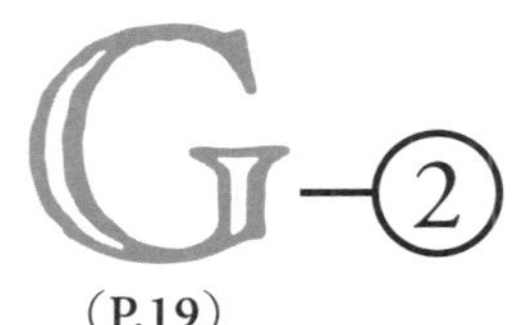

棒球帽

縫法 Lesson 參照1・3・4・7

遠足帽

（P.19）

原寸紙型 B 面

材料

表布70×40cm
黏著襯（W2）50×20cm
厚0.5mm 膠板25×20cm
寬1.2cm 兩摺免燙斜布條120cm
寬1.5cm 鬆緊帶10cm
寬3cm 止汗帶60cm

＊壓線使用30號生成色。
＊裁剪各部位，在表・裡帽簷的背面燙貼不含縫份黏著襯（W2）。

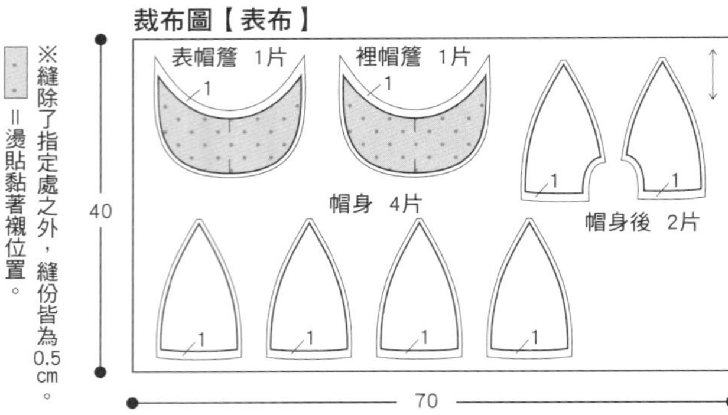

裁布圖【表布】
※縫除了指定處之外，縫份皆為0.5cm。
＝燙貼黏著襯位置。
表帽簷 1片
裡帽簷 1片
帽身 4片
帽身後 2片
40
70
1

1 製作帽簷

作法與P.66「1 製作各部位」<帽簷>相同（壓線寬度參照下圖）。

2 製作帽身&整理

❶作法與P.66「2 製作帽身」的❶至❸相同。

❷燙開縫份，疊上斜布條，中央對齊縫份針趾進行疏縫（參考P.69）。

疏縫
斜布條（正面）
0.1
0.1
帽身（正面）
1

❸進行壓線。

❹展開斜布條一側的褶份，與帽身開口正面相對，夾入鬆緊帶（6cm）車縫。

斜布條（背面）
鬆緊帶
帽身（正面）
0.7
0.5
1

❺斜布條翻到正面車縫。

帽身（背面）
斜布條（正面）
0.2
0.2
鬆緊帶
約4.5

帽身（正面）
表帽簷
0.3
裡帽簷
鬆緊帶
止汗帶（正面）
0.7
1.5

❻作法與P.67「3整理」的❺至❼相同。

不加裡布的帽身縫份處理方式

底下是有關P.68棒球帽縫份的處理方式。將斜布條中央與帽身的針趾重疊，先疏縫固定，再從表側進行壓線，就能避免移位的車縫。

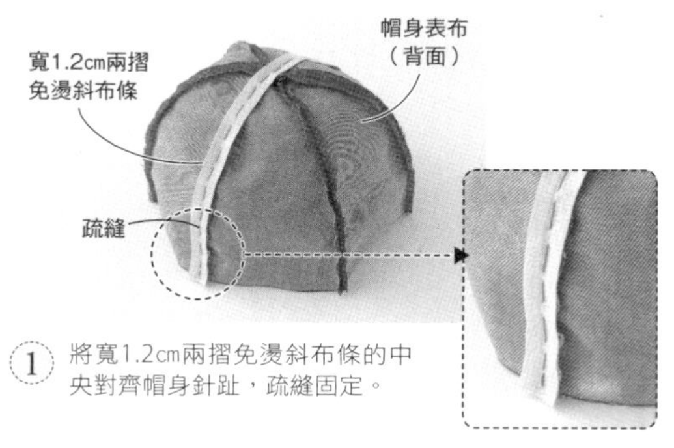

寬1.2cm兩摺免燙斜布條
帽身表布（背面）
疏縫

①將寬1.2cm兩摺免燙斜布條的中央對齊帽身針趾，疏縫固定。

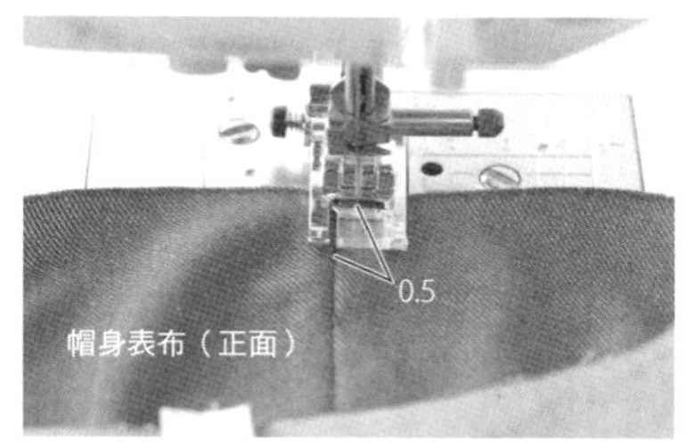

0.5
帽身表布（正面）

②從表側，在離針趾0.5cm處壓線。起點與終點皆進行回針縫。

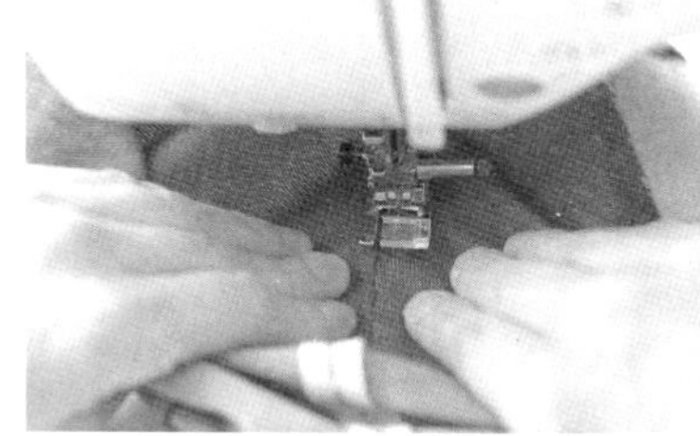

③雙手握住帽身，稍微往左右撐開車縫。

④依相同作法在另一側的0.5cm處壓線。其餘3個縫合處的縫份也同樣壓線，最後拆除疏縫線。

一條一條的壓線

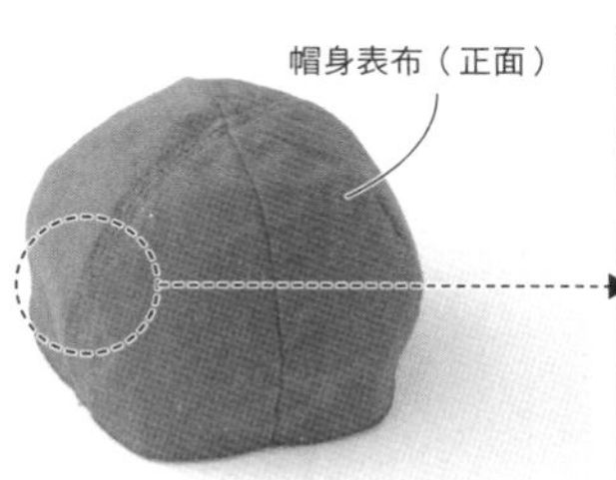

帽身表布（正面）

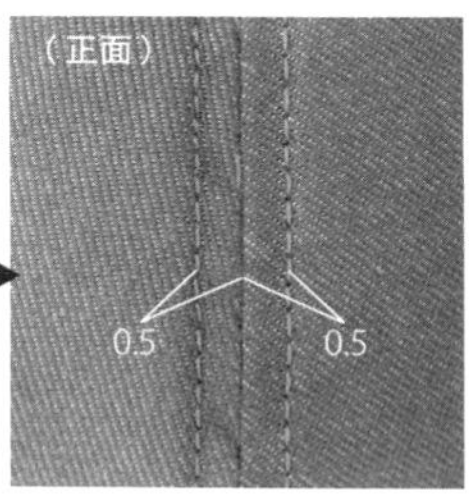

（正面）
0.5
0.5

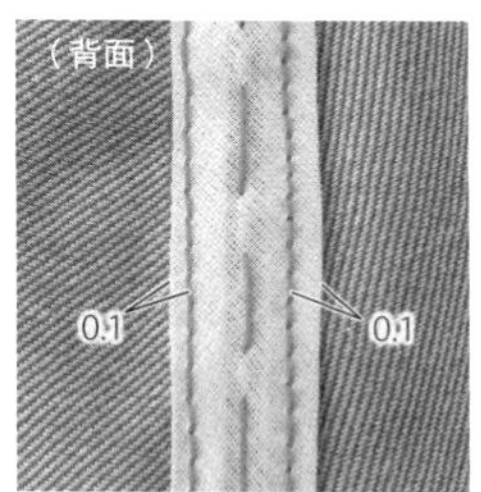

（背面）
0.1
0.1

報童帽

縫法 Lesson
參照1·3·4·7

①男孩味 (P.20) ②小鎮風格 (P.21) ③潮流風 (P.22)

原寸紙型A面

材料 ①

表布90×70cm
裡布70×60cm
黏著襯（W1）70×50cm
黏著襯（W5）70×20cm
厚0.5mm膠板30×20cm
寬3cm止汗帶65cm
直徑1.8cm包釦組1組

＊壓線使用30號99。

材料 ②

表布90×70cm
裡布70×60cm
黏著襯（W1）70×50cm
黏著襯（W5）70×20cm
厚0.5mm膠板30×20cm
寬1.5cm緞帶5cm
寬3cm止汗帶65cm
直徑1.8cm包釦組1組

＊壓線使用30號268。

材料 ③

表布70cm正方
裡布70×60cm
黏著襯（W1）70×50cm
黏著襯（W5）70×20cm
厚0.5mm膠板30×20cm
寬3cm止汗帶65cm

＊壓線使用30號黑色。

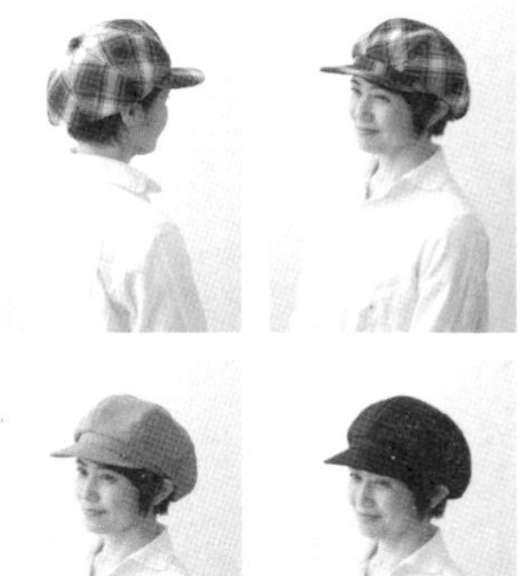

＊在表布背面燙貼粗裁的黏著襯（W1），裁剪帽身。
＊在裡布背面燙貼粗裁的黏著襯（W1），裁剪裝飾帶。
＊裁剪表．裡帽簷及裝飾帶表布，在背面燙貼不含縫份黏著襯（W5）。

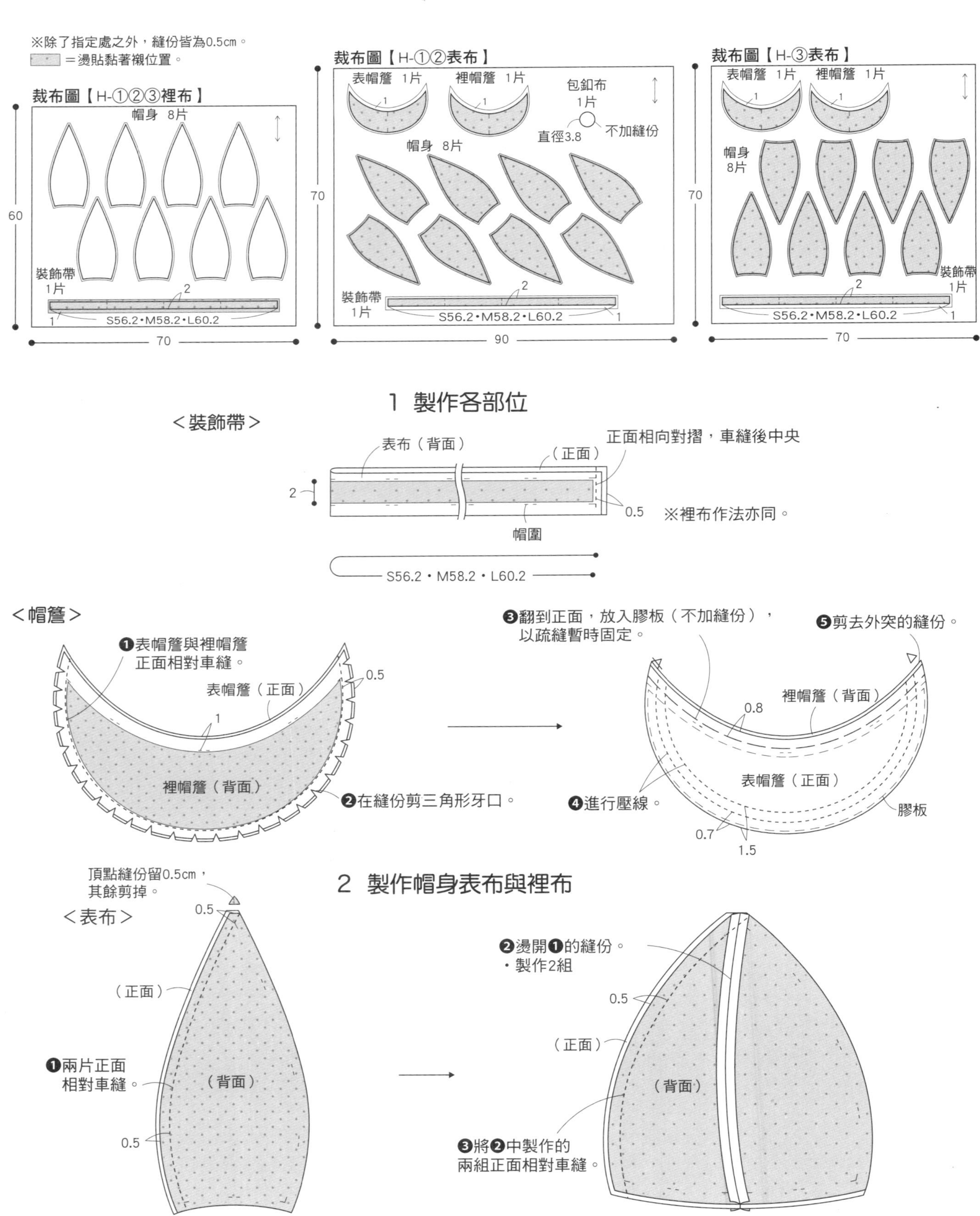

※除了指定處之外，縫份皆為0.5cm。
＝燙貼黏著襯位置。
裁布圖【H-①②③裡布】
帽身 8片
裝飾帶 1片
S56.2・M58.2・L60.2
60
70
裁布圖【H-①②表布】
表帽簷 1片
裡帽簷 1片
包釦布 1片
直徑3.8
不加縫份
帽身 8片
裝飾帶 1片
S56.2・M58.2・L60.2
70
90
裁布圖【H-③表布】
表帽簷 1片
裡帽簷 1片
帽身 8片
裝飾帶 1片
S56.2・M58.2・L60.2
70
70
1 製作各部位
＜裝飾帶＞
表布（背面）
（正面）
正面相向對摺，車縫後中央
0.5
※裡布作法亦同。
帽圍
S56.2・M58.2・L60.2
＜帽簷＞
❶表帽簷與裡帽簷正面相對車縫。
表帽簷（正面）
裡帽簷（背面）
❷在縫份剪三角形牙口。
❸翻到正面，放入膠板（不加縫份），以疏縫暫時固定。
❺剪去外突的縫份。
裡帽簷（背面）
表帽簷（正面）
❹進行壓線。
膠板
0.8
0.7
1.5
2 製作帽身表布與裡布
頂點縫份留0.5cm，其餘剪掉。
＜表布＞
（正面）
（背面）
❶兩片正面相對車縫。
0.5
❷燙開❶的縫份。
・製作2組
（正面）
（背面）
❸將❷中製作的兩組正面相對車縫。

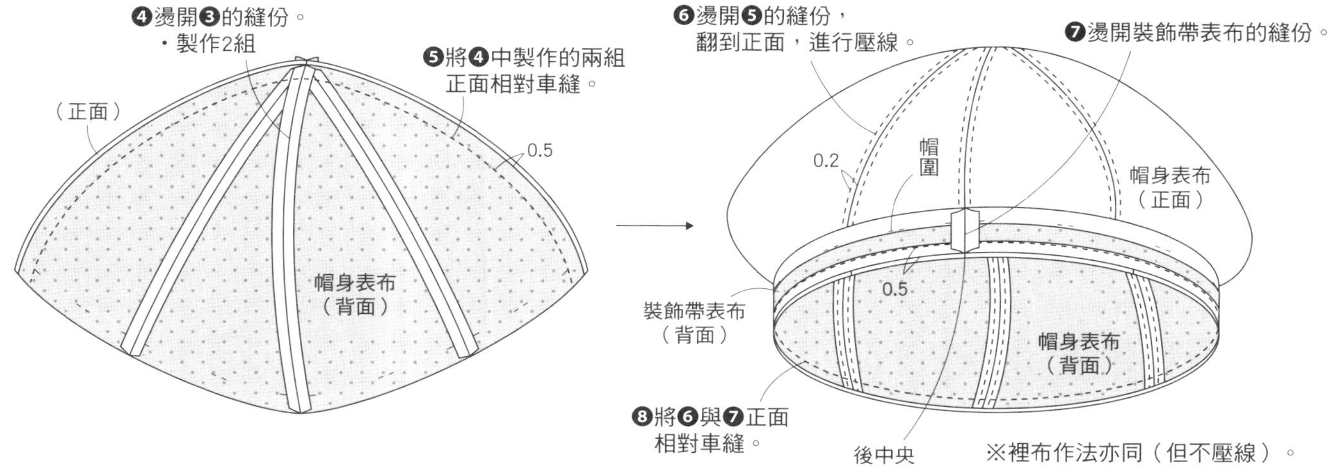

❹燙開❸的縫份。
・製作2組
❺將❹中製作的兩組
正面相對車縫。
（正面）
0.5
帽身表布
（背面）
❻燙開❺的縫份，
翻到正面，進行壓線。
❼燙開裝飾帶表布的縫份。
0.2
帽圍
帽身表布
（正面）
0.5
裝飾帶表布
（背面）
帽身表布
（背面）
❽將❻與❼正面
相對車縫。
後中央
※裡布作法亦同（但不壓線）。

3 整理

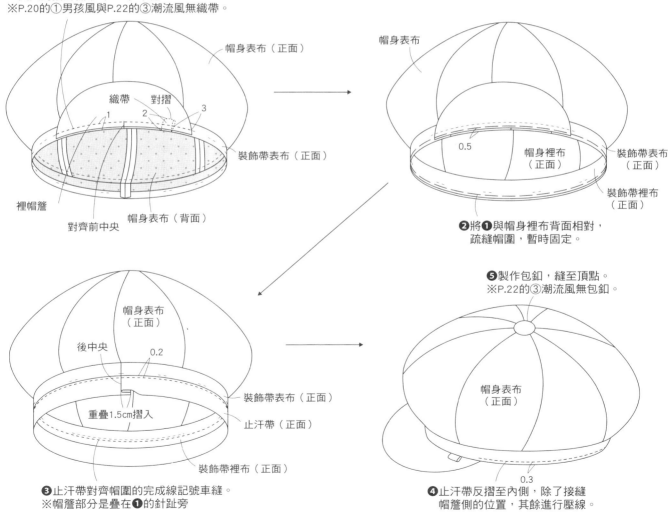

❶將裝飾帶表布與表帽簷正面相對，
夾入對摺的織帶（4cm）車縫。
※P.20的①男孩風與P.22的③潮流風無織帶。

帽身表布（正面）

織帶 對摺

1 2 3

裝飾帶表布（正面）

裡帽簷

對齊前中央

帽身表布（背面）

帽身表布

0.5

帽身裡布
（正面）

裝飾帶表布
（正面）

裝飾帶裡布
（正面）

❷將❶與帽身裡布背面相對，
疏縫帽圍，暫時固定。

帽身表布
（正面）

後中央

0.2

裝飾帶表布（正面）

重疊1.5cm摺入

止汗帶（正面）

裝飾帶裡布（正面）

❸止汗帶對齊帽圍的完成線記號車縫。
※帽簷部分是疊在❶的針趾旁

❺製作包釦，縫至頂點。
※P.22的③潮流風無包釦。

帽身表布
（正面）

0.3

❹止汗帶反摺至內側，除了接縫
帽簷側的位置，其餘進行壓線。

國家圖書館出版品預行編目(CIP)資料

設計師的帽子美學製作術・以20款手作帽搭配出絕佳品味 / 赤峰清香著；瞿中蓮譯.
-- 初版. -- 新北市：雅書堂文化事業有限公司, 2024.02
面； 公分. -- (FUN手作；151)
ISBN 978-986-302-691-4(平裝)
1.CST: 帽 2.CST: 縫紉 3.CST: 手工藝

426.3 112016477

【Fun手作】151

設計師的帽子美學製作術

以20款手作帽搭配出絕佳品味

作　　者／赤峰清香
譯　　者／瞿中蓮
發 行 人／詹慶和
執行編輯／劉蕙寧
編　　輯／黃璟安・陳姿伶・詹凱雲
執行美編／韓欣恬
美術編輯／陳麗娜・周盈汝
內頁排版／造極
出 版 者／雅書堂文化事業有限公司
發 行 者／雅書堂文化事業有限公司
郵政劃撥帳號／18225950
戶　　名／雅書堂文化事業有限公司
地　　址／220新北市板橋區板新路206號3樓
電　　話／(02)8952-4078
傳　　真／(02)8952-4084
網　　址／www.elegantbooks.com.tw
電子郵件／elegant.books@msa.hinet.net

2024年2月初版一刷　定價 480 元

經銷／易可數位行銷股份有限公司
地址／新北市新店區寶橋路235巷6弄3號5樓
電話／ (02)8911-0825
傳真／ (02)8911-0801

赤峰清香　Sayaka Akamine

文化女子大學服裝學科畢業。於服裝製造商工作，負責規劃、設計包包和配件後，成為自由工作者。目前在為製造商和商店進行規劃和設計的同時，也提供作品刊登於雜誌和書籍上，並於Workshop及Vogue學園東京校和橫濱校擔任講師。著有《仕立て方が身に付く手作りバッグ練習帖》（Boutique Sha）和《はじめてでも必ず作れる 手づくりバッグのきほん》（日本文藝社）等書。
Instagram　@sayakaakaminestyle

staff

書籍設計／静谷美佐樹（ShizuGD）
攝　　影／公文美和
有馬貴子（主婦與生活社寫真編輯室）
岡 利恵子（主婦與生活社寫真編輯室）
造　　型／石川美和
製　　圖／吉田 彩
紙型製作／並木 愛
紙型繪圖／坂川由美香
模 特 兒／miwa&emma（小模特兒拍攝時為120cm）
校　　對／滄流社
編　　輯／北川恵子

攝影協力

クラスカ オンラインショップ
https://www.claskashop.com
P4至26　ハットスタンド ￥7,700

AWABEES

UTUWA

TITLES

布料、材料、用具用品協力

INAZUMA（植村株式会社）
https://www.inazuma.biz/

株式会社生地の森
https://www.kijinomori.com

清原株式会社
https://www.kiyohara.co.jp/store

クロバー株式会社
https://clover.co.jp

日本紐釦貿易株式会社
https://www.nippon-chuko.co.jp/

日本バイリーン株式会社
http://www.vilene.co.jp/

nunocoto fabric
https://www.nunocoto-fabric.com

布の通販 リデ
https://www.lidee.net/

富士金梅®（川島商事株式会社）
https://e-ktc.co.jp/textile/

株式会社フジックス
https://www.fjx.co.jp